Luftfahrt und Wissenschaft

In freier Folge herausgegeben
von
Joseph Sticker

Schriftleitung und Verwaltung der Stiftungen:
Professor A. Berson, Dipl.-Ing. C. Eberhardt,
Gerichtsassessor J. Sticker, Professor Dr. R. Süring,
Wirkl. Geh. Oberbaurat Dr. H. Zimmermann

Heft 5

Die Erforschung
des tropischen Luftozeans in Niederländisch-Ost-Indien

Von

W. van Bemmelen

Springer-Verlag Berlin Heidelberg GmbH
1913

Die Erforschung des tropischen Luftozeans in Niederländisch-Ost-Indien

Von

Dr. W. van Bemmelen
Direktor des Königlichen Magnetischen und Meteorologischen Observatoriums
in Batavia

Mit 13 Textfiguren

Springer-Verlag Berlin Heidelberg GmbH
1913

ISBN 978-3-7091-9568-0 ISBN 978-3-7091-9815-5 (eBook)
DOI 10.1007/978-3-7091-9815-5

Stiftung G. v. H.-Ryssen (Holland).

Vorwort.

Diese Schrift dankt ihre Entstehung dem von der Schriftleitung dieser Sammlung ausgesprochenen Wunsche, daß auch einer derjenigen, welche in tropischen Ländern, weit von der Wiege der Luftfahrt entfernt, die Aerologie unter ganz anderen Verhältnissen von Klima und Umgebung pflegen, von seinen Erfahrungen und Ergebnissen Kunde geben möchte. Wenn Herausgeber und Schriftleiter sich veranlaßt fühlen, der jungen, rasch sich entwickelnden Luftfahrt eine Reihe von Schriften zu schenken, die ihre Randgebiete durchstreifen, so streben sie wohl dem Ziele nach, der jungen Schwester eine Perspektive für neue Wege zu öffnen, denen entlang dieselbe ihre Diener aussenden sollte. In den tropischen Ländern, die von Jahr zu Jahr an Bedeutung gewinnen, wird in der Zukunft die Luftfahrt ohne Zweifel eine große Rolle spielen; denn infolge der geringen Windgeschwindigkeiten, gleichmäßigen Temperaturen und ruhigen Morgenstunden liegen die Verhältnisse außerordentlich günstig für sie.

Der ostindische Archipel, wo im Jahre 1909 der leider seinen Idealen zum Opfer gefallene Marineleutnant Rambaldo die Luftfahrt einführte, besitzt in dieser Hinsicht eine sehr bevorzugte Lage. Zwar ist hier bis jetzt die Entwickelung der Luftfahrt zurückgeblieben, aber einige Fortschritte machen sich bereits bemerkbar, und es werden zweifellos Mittel und Wege gefunden werden, die sich den obwaltenden klimatischen und anderen Verhältnissen am besten anpassen.

Hier bietet sich deshalb ein fruchtbares Feld für die Anwendung der Grundidee dieser Schriftensammlung, nämlich der jüngeren Schwester neue Betätigungsmöglichkeiten zu eröffnen, besonders hier, wo bis jetzt so wenige Versuche vorgenommen und so wenige Wege beschritten worden sind. Meine Arbeit soll deshalb einen Teil jener Aufgaben bilden, die ich mir im Jahre 1910 bei der Einführung der aerologischen Wissenschaft in Niederländisch-Ostindien vorgenommen hatte, nämlich durch die Erforschung der freien Atmosphäre die für die Luftfahrt notwendigen Daten zu sammeln.

Aus diesen Ansichten heraus war mühelos zu folgern, in welchem Geiste diese Schrift zu verfassen wäre, was sie wohl enthalten sollte und was nicht. Sie sollte, ohne geradezu populär, doch gemeinverständlich geschrieben sein, und ohne rein wissenschaftlich zu erscheinen, doch einen wissenschaftlichen Charakter tragen; sie sollte nicht eine erschöpfende Beschreibung des tropischen Luftozeans geben, sondern ein solches Bild von ihm malen, daß seine charakteristischen Züge hervorgehoben und verständlich werden. Es sollte erwähnt werden, mit welchen Mitteln die aerologische Forschung im malayischen Archipel unternommen worden ist, und welche Ergebnisse erhalten worden sind, damit teils der Luftfahrer Vorteil aus ihnen ziehen möge, teils von ihm Anregungen zu neuen Untersuchungen gegeben werden möchten. Auch die Ergebnisse über Vorgänge in sehr hohen Luftschichten, die der Luftschiffer wohl nie erreichen wird, sollten nicht unerwähnt bleiben, damit es ihm klar würde, wie die Erscheinungen in den unteren Schichten in ursächlichem Zusammenhange stehen mit jenen in den sehr hohen Regionen. Auch sollte er eine Anregung finden, um mitzuarbeiten beim Sammeln von wissenschaftlichen Kenntnissen über sein luftiges Element, und zwar mit der Überzeugung, daß diese Kenntnis eine nützliche Rückwirkung auf seinen praktischen Betrieb ausüben wird.

Aus den beiden oben angeführten Jahreszahlen folgt, wie kurz erst unsere Arbeitsfrist ist und wie demzufolge unsere Erfahrungen noch nicht stichhaltig sein können. Es geschah daher auch nicht ohne Zaudern, daß ich mich entschloß, dem Wunsche der Schriftleitung Folge zu leisten.

Ein glücklicher Umstand war jedoch, daß es meinen Mitarbeitern und mir möglich war, vor Anfang der Arbeit Herrn Geh. Regierungsrat Assmann in Lindenberg und Herrn Geh. Regierungsrat Hergesell in Straßburg zu besuchen. Für die guten Ratschläge, Anregungen und Hilfe, welche wir von diesen beiden hervorragenden Forschern erhielten, sei an dieser Stelle mein aufrichtiger Dank ausgesprochen.

Batavia, November 1912.

Inhaltsverzeichnis.

                                                                        Seite

Vorwort V
Beobachtungsmittel und Beobachtungen:
    Pilotballone 1
    Registrierballone 7
    Eichung der Registrierinstrumente 12
    Drachen 13
    Fesselballone 15
    Freiballon „Batavia" 16
    Anemometer 18
    Bergstationen 20
    Wolkentheodolite 21
Ergebnisse:
    Wind 23
    Relative Richtungsgeschwindigkeit 25
    Tägliche Schwankung der Windrichtung und Windgeschwindigkeit in verschiedenen
        Höhen 34
    Land- und Seebrise 37
    Temperatur 39
    Wolkenbildung 44

Beobachtungsmittel und Beobachtungen.
Pilotballone.

Im Monat Juli des Jahres 1909 begannen am Observatorium die ersten Versuche, die jedoch sehr bescheiden ausfielen, da nur kleine Pilotballone von 20 g Gewicht zu den Aufstiegen verwendet und durchschnittlich nur bis 1000 oder 2000 m visiert wurden, ausgenommen in einem Falle, wo die Visierung bis zur Höhe von 5500 m gelang. Bald darauf jedoch, im September 1909, wurde weiland Marineleutnant Rambaldo, der mit einer Drachen- und Ballonausrüstung an Bord I. M. Panzerschiff „de Ruyter" via Westindien auf Java ankam, nach dem Observatorium abkommandiert, und nun kamen die von ihm mitgebrachten Paturelballone im Gewicht von ca. 44 g zur Anwendung. Dies führte sofort zu besseren Resultaten. Denn oft gelang die Visierung bis 10 000 m und höher, besonders, weil die meist geringen Windgeschwindigkeiten es gestatteten, diesen Ballonen eine kleinere Aufstiegsgeschwindigkeit zu erteilen, als dies in Europa üblich ist.

Als ich Ende März 1910 nach Java zurückkehrte, machte sich alsbald der Wunsch bei mir rege, die Visierung bis zu größeren Höhen durchzuführen, und als ich demgemäß am 10. Mai 1910 einen 1,5 kg schweren Ballon als Pilot hochließ, stellte ich fest, daß in einer Höhe von 17 km der merkwürdige Westwind zum Vorschein kam, welcher zwei Jahre vorher zuerst von Berson am Äquator beobachtet worden war, und für dessen Vorkommen in den äquatornahen Breiten man noch keine Erklärung hatte.

Um die Beobachtung der über 10 km hohen Winde zu fördern, entschloß ich mich, die Aufstiege der Registrierballone nur bei heiterem Himmel vorzunehmen, und tatsächlich wurde dadurch im Jahre 1910 ein ziemlich reichhaltiges Material von Windbestimmungen zwischen 10 und 19 km erhalten. Die hierbei erzielten Resultate über das Windsystem in größeren Höhen waren aber dermaßen interessant, daß der Entschluß zu intensiverem Vorgehen gefaßt wurde.

In der Regenzeit 1911—1912 fanden deshalb Aufstiege von 0,5 kg schweren Pilotballonen statt, die zwar einige Male bis zu Höhen von mehr als 20 000 m gelangten, aber aufs neue den Wunsch rege machten, das Beobachtungsmaterial für Höhen oberhalb 20 000 m tunlichst zu vermehren, und zur Bestellung von 20 Piloten von 1,5 kg Gewicht führten.

Mit den zuerst erhaltenen Ballonen dieser Art hatte ich im April 1912 guten Erfolg; denn ich sah zwei davon in 27 000 und 25 000 m Höhe zerplatzen. Jedoch bereitete mir die zweite Sendung manche Enttäuschung, da immer nach ca. 50 Minuten gerade oberhalb oder auch unterhalb der oberen Grenze des Antipassates in ca. 17 000 m Höhe ein frühzeitiges Platzen erfolgte. Einige dieser Ballone waren offensichtlich von schlechter Qualität; aber auch diejenigen, welche ein tadelloses Aussehen zeigten, platzten zu früh.

Um die trockene Jahreszeit 1912 nicht erfolglos zu Ende gehen zu lassen, wurden telegraphisch fünf 2 kg schwere Ballone bestellt, und zwei davon lohnten reichlich Mühe und Kosten, da sie über 27 000 bzw. 30 000 m stiegen und neue Ergebnisse ans Tageslicht brachten.

Sie bewiesen aber auch, daß eine einigermaßen erschöpfende Durchforschung des tropischen Luftozeans bis zu diesen großen Höhen ausgedehnt werden müsse, und daß man nicht mit weniger als 2 kg wiegenden Ballonen die Aufstiege machen sollte, wodurch zwar die Kosten stark gesteigert, aber auch Resultate erworben werden, die diesen Kosten entsprechen. Größere Ballone stehen insofern hinter kleineren zurück, als die Wahrscheinlichkeit einer schwachen Stelle in der Hülle proportional zur Oberfläche zunimmt; eine einzige Stelle, die nachgibt, genügt, um dem Aufstieg ein Ende zu bereiten; der Ballon ist wie eine Kette, die nicht stärker ist als ihr schwächstes Glied.

Wir befleißigten uns darum immer mehr, die Hülle aufs genaueste nach Löchern, bedenklichen Falten und schwachen Stellen abzusuchen, und taten dies in der letzten Zeit an dem dem Aufstiege vorhergehenden Tage bei Luftfüllung.

Bekanntlich verschlechtert sich die Qualität des Gummis mit der Zeit sehr rasch, und besonders in den Tropen sind die Erfahrungen in dieser Beziehung sehr ungünstig. Da mir von sachverständiger Seite mitgeteilt wurde, daß wahrscheinlich Oxydation an der Luft die Hauptursache dieses Übels sei, lag der Gedanke nahe, zu versuchen, ob nicht unter diesen Umständen eine Aufbewahrung in einer indifferenten Gasatmosphäre, z. B. CO_2, das beste Mittel wäre, um dieser Materialverschlechterung entgegenzutreten. Die Verwirklichung dieses Gedankens war einfach genug, aber ob tatsächlich eine Besserung erreicht ist, bleibe dahingestellt, da die Erfahrung noch von zu kurzer Dauer ist.

Die Farbe der Ballone ist eine wichtige Frage. Wird der Hintergrund von weißen Wolken gebildet, so ist eine dunkelrote Farbe am wirksamsten, während gegen den blauen Himmel und besonders hinter Cirren ein farbloser, helleuchtender Ballon viel besser sichtbar ist. Logischerweise sollte man den Ballon zur Hälfte rot färben, zur anderen Hälfte farblos lassen, wobei am besten ein Ballonmeridian als Trennungslinie benutzt wird.

Die Gasfüllung geschah im Anfang mittels Kalziumhydrürs, das in einem der bekannten Generatoren erzeugt wurde; später wurden hierfür sogar zwei Generatoren verwendet. Bald entschloß ich mich aber zum Gebrauch von Stahlflaschen. Zwar ist das Hin- und Zurückschicken der Flaschen zwischen Europa und Java kostspielig und umständlich; jedoch werden die Kosten, die durch den hohen Preis der Kalziumhydrüre bedingt sind, dabei nicht erreicht. Außerdem gestatten die Flaschen eine rasche Füllung, und gerade dies ist in Batavia von größter Wichtigkeit, hat uns doch die Erfahrung gelehrt, daß nur morgens während einiger Stunden auf andauernd unbewölkten Himmel gerechnet werden darf, und wenn man ungeachtet bedeutender Kosten große Ballone aufläßt, um Höhen von mehr als 20 km zu erreichen, so muß man, jedenfalls was das Wetter anbetrifft, auf Erfolg fest rechnen können. Eine kleine Wolke genügt schon, um diesen Erfolg so zu verringern, daß ein Ballon von nur 40 g gleich viel hätte leisten können.

In Batavia bieten nun die Stunden zwischen 7 und 10 Uhr a. m. eine einigermaßen genügende Gewähr für ein gutes Gelingen der Aufstiege. Bei Sonnenaufgang leuchten an heiteren Tagen infolge der seitlichen Beleuchtung die Cirren sehr stark, auch treiben gelegentlich Ci-Cu und A-Cu am Himmel; aber eine halbe Stunde später kann man (besonders in der Trockenzeit) beurteilen, ob diese Ci genügend transparent sind und ob die A-Cu und Ci-Cu sich vermehren oder auflösen werden. Um diese Zeit (halb sieben Uhr) kann der Aufstieg beschlossen werden. Nur eine halbe Stunde später ist dann durch Benutzung von Fernsprecher und Fahrrad die zweite Station besetzt (alle größeren Ballone müssen von zwei Stationen aus visiert werden). Der Aufstieg kann nun mit der sehr großen Wahrscheinlichkeit erfolgen, daß der Himmel bis 9 Uhr heiter bleiben wird, jedenfalls in der Trockenzeit. In der Regenzeit besteht aber die stets drohende Gefahr der A-Cu-Bildung; denn dieses dünne Gewölk entsteht leicht an der oberen Grenze des westlichen Monsunstromes in ca. 5000 m Höhe und ist nicht durchsichtig wie die Cirren.

Für die Visierungen standen bis jetzt zwei Theodolite zur Verfügung, der bekannte nach de Quervain (verfertigt von Bosch) und ein kleinerer von Bunge, bei welchem die Anwendung von 3 Prismen für das gebrochene Fernrohr ein kleineres Format des Instrumentes gestattet.

Fig. 1. Pilotballon-Visierung vom Dache des Windhauses am Observatorium.

Auch ein dritter, jüngst von Bosch gelieferter Theodolit hat das kürzere Fernrohr mit 3 Prismen, doch steht infolgedessen die Randschärfe im Gesichtsfelde derjenigen des älteren Instrumentes nach, was keineswegs förderlich ist für das Wiederauffinden von Ballonen, die aus dem Gesichtsfelde verschwunden sind.

Ich will noch hervorheben, daß den durch die Neigung der horizontalen Achse und der Kollimation bedingten Fehlern die nötige Aufmerksamkeit geschenkt wurde. Bei dem neu erhaltenen Bosch-Theodoliten war z. B. diese Neigung nicht weniger als 20', und bei einem derartigen Neigungsfehler beträgt die Azimutal-Korrektion in 80° Höhe mehr als ein Grad. Bei Doppelvisierungen bedingt der Winkel: Station A-Ballon-Station B die Entfernung und damit die Höhe des Ballons, und er sank bei unseren Visierungen gelegentlich unter 3°. Fehler von einem Grade hätten deshalb die Höhenbestimmungen ganz illusorisch gemacht.

Die schwachen und in verschiedenen Höhen einander oft entgegengesetzten Winde gestatten es in Batavia, den Pilotballonen eine nur geringe Steiggeschwindigkeit zu erteilen und demzufolge die mittlere Zerplatzhöhe hoch zu halten. So wurde den 44 g schweren Ballonen eine Steigkraft von nur 102 g gegeben, wodurch sie sich mit einer Geschwindigkeit von 167 m pro Minute oder 2,8 m pro Sekunde erhoben. Selbst die größeren Ballone von 1,5 und 2 kg Gewicht erhielten nicht mehr als ca. 1000 g Steigkraft, womit eine Anfangsgeschwindigkeit zwischen 200 und 300 m pro Minute erreicht wurde.

Besonders während der Zeiten des „Kenterns des Monsuns" — das sind die zwischen den Monsunen liegenden Zeiträume — befindet sich die Atmosphäre oft bis zu großen Höhen über 10 km in merkwürdiger Ruhe, so daß man sich alsdann kleine Steiggeschwindigkeiten ruhig erlauben kann; auch vergrößert sich die Steiggeschwindigkeit in größeren Höhen, wo dann gerade auch die größeren Windgeschwindigkeiten vorherrschen. Der Nachteil einer kleinen Steiggeschwindigkeit besteht in der längeren Dauer des Aufstieges, welche bedingt, daß die Ballone länger den verderblichen ultravioletten Strahlen der Sonne und der exzessiven Kälte in den Hochregionen ausgesetzt werden.

Anscheinend hat die Kälte wenig Einfluß; denn die bei Tage aufgelassenen Ballone erreichen durchschnittlich keine größeren Höhen als die bei Nacht aufsteigenden, während doch am Tage die Sonne die Hülle bedeutend erwärmen muß. Diese Erwärmung, welche selbstverständlich auch das Füllgas auf einer viel höheren Temperatur als die der umgebenden atmosphärischen Luft hält, läßt sich deutlich an den beobachteten Steiggeschwindigkeiten nachweisen. Bekanntlich wächst die Steiggeschwindigkeit eines elastischen Ballons umgekehrt proportional zur sechsten Potenz der Dichte ρ der ihn umgebenden Atmosphäre, jedoch nur, wenn man die Spannung der Hülle vernachlässigt. Ist nämlich der Gasdruck innerhalb der Ballons $(i + \varepsilon)$ mal größer als außerhalb, so ist die Steiggeschwindigkeit

$$v = \frac{\text{Konstante}}{(i + \varepsilon)^4 \cdot \rho^6}.$$

Der Innendruck verringert deshalb die Steiggeschwindigkeit; aber der Einfluß wird nur bedeutend, wenn in sehr großen Höhen der Außendruck stark sinkt. So ist in einer Höhe von 30 000 m der Außendruck nur ca. 5 mm Hg, wodurch bei einem Innendruck von 2 mm Hg die Steiggeschwindigkeit eine Verminderung von 17% erfährt.

Am 12. September 1912 erreichte ein Pilotballon diese große Höhe, und es ist sehr lehrreich, die beobachteten Steiggeschwindigkeiten zu vergleichen mit den nach der Formel $v = \dfrac{C}{\rho^6}$ berechneten.

Die für die Bestimmung der Luftdichten erforderliche Kenntnis der Temperaturen in den verschiedenen Höhen läßt sich mit genügender Genauigkeit aus den mittleren Ergebnissen der Registrierballonaufstiege herleiten, unter der Voraussetzung jedoch, daß die Temperatur oberhalb 17 km nur wenig um — 80° C hin- und herschwankt.

Aus den Differenzen geht deutlich hervor, daß die Temperatur des Ballongases höher ist als die der Außenluft; aber von dem Einflusse eines etwaigen Überdruckes reden sie nicht. Daß der Druck jedoch nicht ganz aufgehoben war, lehrte mich die Wucht, mit der ich den Ballon zerplatzen sah.

Steiggeschwindigkeit des Piloten vom 12. September 1912.

Höhe	Steiggeschwindigkeit in Meter pro Minute		Differenz
m	beobachtet	berechnet	
3 900	254	254	0
6 340	360	264	96
10 000	373	283	90
13 750	377	305	72
17 600	393	336	57
21 530	394	376	18
25 930	484	433	51
29 590	545	483	62

Auffallend ist in obiger Differenzenreihe der plötzliche Abfall beim Überschreiten des Niveaus von ca. 18 000 m; und daß hier nicht von einer zufälligen Erscheinung die Rede ist, geht aus untenstehender Reihe hervor, welche die mittleren Geschwindigkeiten angibt, die bei 15 Aufstiegen von 1,5 kg-Ballonen, die neuerdings unter gleichen Umständen aufgelassen worden sind, beobachtet wurden:

Mittlere Steiggeschwindigkeit einiger 1,5 kg schweren Piloten.

Höhe	Steiggeschwindigkeit in Meter pro Minute		Differenz	Zahl der Aufstiege
m	beobachtet	berechnet		
0— 2 600	264	264	0	15
2 600— 5 700	302	275	27	15
5 700— 8 900	319	293	26	15
8 900—12 300	347	311	36	15
12 300—16 500	413	337	76	13
16 500—20 100	365	373	−8	7

Die plötzliche Abnahme oberhalb von 16,5 km ist hier noch größer als vorhin, und das Zusammenfallen dieses Höhenniveaus mit jenem der unteren Grenze der isothermen Stratosphäre macht folgende Erklärung naheliegend: Der Ballon, mit ziemlich großer Geschwindigkeit steigend, kommt in immer kältere Schichten, und die Temperatur des Füllgases hinkt trotz der starken Ventilation jener der umgebenden Luft nach, und zwar dies um so mehr, je größer der Ballon ist. Die tatsächliche Dichte des Füllgases ist folglich kleiner als die berechnete und deshalb die Steigkraft größer. Kommt nun der Ballon in die isotherme Schicht, so verschwindet allmählich das Nachhinken und die Temperaturen von Füllgas und umgebender Luft stimmen wieder miteinander überein.

Die Insolation scheint in den größten Höhen, wo die Ventilation bei der geringen Luftdichte stark abgenommen hat, die Temperatur des Gases wieder zu erhöhen; am 12. September sah ich wenigstens oberhalb 20 000 m die Geschwindigkeit aufs neue stärker, als die Formel angibt, anwachsen.

Bis zur Mitte des Jahres 1912 wurden weitaus die meisten Ballonaufstiege in den Morgenstunden vorgenommen, man blieb deshalb im unklaren über die Schwankungen der Windrichtung und -geschwindigkeit zu anderen Tageszeiten.

Die Möglichkeit nächtlicher Visierungen war schon von Kapt. C. H. Ley bewiesen worden durch seine Ausführungen im Quarterly Journal of the R. Meteor. Society 1909, pag. 15. Ley füllte einen Piloten mit Azetylen, versah ihn mit einem Gasbrenner und erhielt damit einen sehr leichten, beim Brennen sogar noch leichter werdenden Gasbehälter. Zwei solcher Piloten, 10 m vertikal voneinander entfernt, ließ er von einem größeren, mit Wasserstoff gefüllten emporheben und bestimmte bei der Visierung jedesmal mit dem Mikrometer die Winkelentfernung der beiden Azetylenflammen.

Diese Beobachtung scheint mir äußerst schwierig infolge der Bewegung des ganzen Systems; sie wird schließlich bei wachsender Entfernung infolge der allmählichen Lichtabschwächung ganz unmöglich. Auch steigt das System nicht immer senkrecht, sondern sehr oft unter größerer oder kleinerer Neigung, oder pendelt stark.

Als ich deshalb diese Leuchtballone in Gebrauch nahm, wandte ich stets nur Doppelvisierungen an, trotzdem die Beobachtungen dann jedesmal vier Europäer beanspruchten. Von einer Hilfeleistung durch Javaner zum Ablesen der Kreise, wie sie sonst oft benutzt wurde, mußte hier abgesehen werden, da es sich bei den Vorübungen bald herausstellte, daß sie dem raschen Ablesen und Notieren, was in der Dunkelheit bei einer Beleuchtung von kleinen Beobachtungslaternen stattfinden mußte, nicht gewachsen waren.

Trotz der Personalschwierigkeiten haben 18 Nachtaufstiege stattgefunden, von denen nur zwei fehlschlugen, einer, als nach drei Minuten der Leuchtballon mit großer Flamme platzte, ein zweiter, als nach einigen Minuten die Flamme auslöschte.

Gewöhnliche kleine Kinderballone aus dem Laden, welche mit Brenner nur ca. 30 g wogen, zeigten sich gut tauglich; wir gaben bei ihrer Benutzung dem tragenden Paturelballon (44 g Gewicht) einen Auftrieb von 120 g. Auch diese 44-g-Ballone selbst wurden als Leuchtballone benutzt, und da sie mit Brenner ca. 70 g wogen, wurde der Auftrieb des Tragballons auf 150 g gesteigert.

Die Bewegung des als rasche Wandersterne zwischen den Gestirnen hindurcheilenden Ballonlichtes war wunderbar zu beobachten und hob schließlich das ganz schwache Sternchen so stark hervor, daß bei temporärem Verschwinden hinter Gewölk das Wiederauffinden leicht möglich war.

Bei heiterem Himmel verschwand das Licht in rund 6000 m Höhe; aber leider blieb der Himmel selten heiter, da die Bewölkungsverhältnisse am Abend den Beobachtungen weniger günstig sind als am Morgen.

Ich will noch erwähnen, daß eine Minute vor dem Auflassen des Systems der zweite Beobachter, welcher nicht mit dem Fernsprecher verbunden war, mittels einer Rakete benachrichtigt wurde.

Bei den Doppelvisierungen hat zwar in den meisten Fällen der eine Beobachter seinen Theodoliten auf dem flachen Dache des höchsten der Observatoriumgebäude (siehe Bild auf S. 3) aufgestellt, aber für die anderen Beobachtungsstellen sind aus praktischen und besonderen Gründen mehrere Punkte, die in nebenstehendem Stadtplan angegeben sind, gewählt worden.

Kleine Piloten sind von der Basis $O-K_E$ (900 m), $O-K_P$ (1506 m), $O-K_{NW}$ (1860 m) und K_S-K_{NW} (908 m) beobachtet worden; große von $O-T$ (1540 m),

O — A (4460 m), O — MC (4120 m) und bei Zeitmangel oder aus anderen Gründen von O — K_{NW}.

Für die rasche Berechnung und Konstruktion der Flugbahnen sind bereits viele Methoden und Hilfsmittel angegeben worden, und ein jeder, der sich oft mit dieser Arbeit zu beschäftigen hat, wird sich allmählich selbst ein bequemes Verfahren ausgedacht haben.

Ich habe mir eine Tabelle berechnen lassen, welche die Werte von n ctg h (n = die Zahl der Minuten oder anderen Zeiteinheiten, h = die Winkelhöhe) angibt für n = 1 bis 90, und h = 15⁰ bis 90⁰. Die Werte von h schreiten bis 24⁰ nach Zehntelgraden vorwärts, weiter bis 45⁰ nach Zweizehntelgraden, von da bis 75⁰ nach halben Graden und für den letzten Teil bis 90⁰ nach ganzen Graden. Das Konstruieren der Flugbahn erfolgt rasch und bequem mittels eines durchsichtigen, in halbe Grade geteilten Halbkreises, an welchem ein 60 cm langes, in Millimeter geteiltes Lineal befestigt ist, und welcher in seinem Mittelpunkt eine Spitze trägt, um welche er drehbar ist.

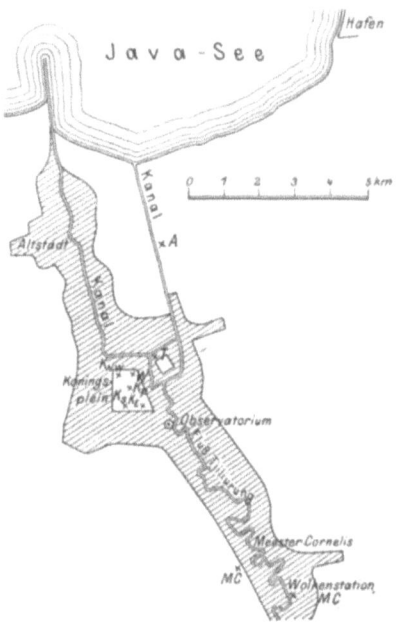

Fig. 2. Lage der Ballonvisierung-Stationen.

Was weiter die Doppelvisierungen anbetrifft, so stand leider keine genügende Arbeitskraft zur Verfügung, um aus jeder Doppelbeobachtung die Höhe abzuleiten, und ich begnügte mich damit, jede zehnte Beobachtung zu berechnen, bei rascher Änderung der Steiggeschwindigkeit jedoch jede fünfte und in fraglichen Fällen auch dazwischenliegende Visierungen. Da Beobachtungsfehler ohnedies dazu zwingen, mittlere Steiggeschwindigkeiten abzuleiten, so büßt man auf diese Weise nur wenig von der erreichten Genauigkeit ein.

Für jede Zeitspanne mit konstanter Steiggeschwindigkeit wurde nun der betreffende Teil der Flugbahn konstruiert. Hatte sich z. B. der Ballon von der zwanzigsten bis zur dreißigsten Minute von 5000 bis 8000 m Höhe erhoben, und war er folglich mit der Geschwindigkeit von 300 m pro Minute gestiegen, so wurde auf der Tabelle nicht die Reihe bei n = 20, sondern diejenige bei $n = \frac{5000}{300} = 16{,}77$, also rund bei n = 17 eingesehen.

Registrierballone.

Als ich im Jahre 1909 während meines Urlaubs in Europa die Einführung der Aerologie am Observatorium zu Batavia vorbereitete, da war es für mich noch eine offene Frage, ob das übliche Verfahren mit den Registrierballonen lohnende Resultate auf Java zeigen würde. Ich konnte zwar, was das Zurückbringen der gefundenen Instrumente angeht, der Bevölkerung mein Vertrauen schenken; aber die dichten Wälder und das nahe Meer boten wenig Aussicht auf ein Wiederfinden überhaupt. Begreiflich ist es darum, daß Dr. Braak, mein damaliger Stellvertreter, jetzt Unterdirektor des Observatoriums, die ersten Tandems von einem 25 km südlich vom Observatorium gelegenen Orte aus emporschickte. Die Schwierigkeiten waren aber dabei so groß, daß ich meinte, mich auf den glücklichen Umstand verlassen zu können, daß die Küste dem Hauptsystem der Luftströmungen parallel läuft. Ich nahm deshalb die weiteren Aufstiege vom Observatorium selbst aus vor.

Der hohe Prozentsatz zurückgebrachter Instrumente (ca. 80%) hat jetzt wohl auch bewiesen, daß ich mit meinem Vertrauen recht hatte.

Bei den Aufstiegen in Batavia wurde immer die Fallschirmmethode angewendet, da hierbei eine große Ersparnis an Ballonmaterial und Wasserstoff erreicht wird, was ja in unserem weltentlegenen Wohnorte von doppelter Bedeutung ist. Bei Benutzung zweier Ballone hat man immer etwas größere Wahrscheinlichkeit, daß einer der beiden von schlechterer Qualität ist und den Aufstieg vereitelt. Ein weißer Fallschirm hebt sich auch auf der grünen Landschaft besser ab als ein zusammengeschrumpfter Ballon, was dem Auffinden sehr zustatten kommt.

Die Erfahrung hat aber auch gelehrt, daß Ballone von 1,5 kg mit Fallschirm, wenn sie nicht von besonders guter Qualität sind, meist unterhalb 17 km platzen und folglich die untere Grenze der Stratosphäre nicht erreichen, was aber eben als Minimumleistung gefordert werden soll. In der Zukunft werden deshalb nur Ballone von 1,5 kg in Tandemsystem und solche von 2 kg mit Fallschirm benutzt werden.

Der in Batavia gebräuchliche Fallschirm hat einen Durchmesser von 160 cm, ist im Zentrum offen und wiegt, da nur vier Rottannrippen den Stoff halten, nicht mehr als 350 g.

Die Fallgeschwindigkeit wurde zuerst bei einem größeren Exemplar experimentell bestimmt, wozu eine Fahrt des bemannten Ballons „Batavia" Gelegenheit bot. Mit einem 1 kg schweren Steine belastet, wurde der Schirm von 1500 m Höhe aus dem Korbe geworfen und die Fallzeit direkt beobachtet. Der benutzte Schirm hätte ohne Gefahr für die Instrumente kleiner gewählt werden können; jedoch ist rasches Fallen in der Nähe der Erdoberfläche nicht erwünscht, da die Wahrscheinlichkeit, daß das Instrument bei seinem Fall von Eingeborenen bemerkt wird, geringer wird.

Der Schirm wurde fast immer unterhalb des Ballons angebracht, nicht oben aufliegend, da bei dieser letzten Lage die Gefahr besteht, daß die Fetzen des zerplatzten Ballons zwischen den Schnüren des Schirmes hängen bleiben.

Die Aufhängevorrichtung des Fallschirmes unterhalb des Ballons, die ein Sichlosmachen des geplatzten Ballons bei Anwendung von Haken und Ösen ermöglichte, funktionierte immer gut, falls der Ballon platzte, wie das öfter im Jahre 1910, als die Aufstiege meist bei heiterem Himmel stattfanden, durchs Fernrohr deutlich zu verfolgen war.

Wie ich schon zu bemerken Gelegenheit nahm, rechtfertigte die Bevölkerung das in sie gesetzte Vertrauen; die gefundenen Instrumente wurden recht brav an die Dorfhäupter abgeliefert. Nur einige Male kam es vor, daß das Instrument zwar zurückgebracht wurde, aber nach bekannter Erfahrung aus lauter Neugier geöffnet und das Rußdiagramm ausgewischt war. Nachdem wir den Schutzkasten des Registrierzylinders durch eine eiserne Kette mit Schloß gesichert haben, scheint die Neugierde nachgelassen zu haben. In dieser geschlossenen Kette sieht der anal-

Fig. 3. Unterdirektor Braak und Marineleutnant Rambaldo beim Registrierballon-Aufstieg.

phabete Eingeborene deutlich das Verbot gegen das Öffnen; selbstverständlich gibt dem Lesekundigen die in zwei Sprachen, Malayisch und Javanisch, verfaßte Anweisung weiteren Bescheid.

Der Finderlohn beträgt jetzt fünf Gulden, und dieser Umstand scheint sich schon allgemeinen Bekanntseins zu erfreuen, denn wiederholt werden geplatzte Ballone, die keine Adresse trugen, dem Observatorium zugesandt; die Finder werden alsdann nur mit zwei Gulden belohnt.

In den Jahren 1910 und 1911, als die Aufstiege nur bei heiterem Himmel vorgenommen und an zwei Basisstationen Visierungen angestellt wurden, war es oft möglich, den Fallschirm nebst Instrument bis nahe zum Erdboden mit dem Fernrohre zu verfolgen. Der Fallpunkt wurde alsdann so genau wie möglich durch Extrapolation bestimmt, und sobald keine Nachricht vom Auffinden des Instrumentes eintraf, machte sich eine kleine Expedition zum Nachsuchen auf. Tatsächlich ist ein paarmal auf diese Weise ein Instrument wiedergefunden worden. Ein anderes Mal jedoch zerplatzte der Ballon fast senkrecht über dem zweiten Beobachtungsort, trotzdem er die bedeutende Höhe von 18 000 m erreicht hatte; denn so schwach und von solch wechselnder Richtung waren bis zu dieser Höhe die Winde. Der Fallschirm trieb selbstverständlich beim Abstiege auch nur wenig ab und erreichte den Boden in vielleicht 2 km Entfernung von der Stadt; nichtsdestoweniger war alles Suchen vergeblich. Daran war hauptsächlich das schwierige Gelände Schuld, das aus miteinander abwechselnden offenen Grundstücken, Teichen und dichten Wäldern bestand.

In der Trockenzeit, wenn die östlichen Winde vorherrschen, werden die Instrumente und Ballone meist westlich bis südwestlich von Batavia in Entfernungen von 40—80 km aufgefunden; dagegen ist in der Regenzeit, in welcher bis 5000 m und höher Westwind weht, die Lage der Fundörter sehr verschieden voneinander, und viele Instrumente wurden leider nicht zurückgebracht.

Während der Übergangszeit ist es besonders auffallend, wie wenig die Ballone abtreiben; so möchte ich nicht unterlassen, auf den freien Aufstieg eines unserer Fesselballone von 30 m³ hinzuweisen. Nachdem dieser absichtlich freigelassene Ballon 6000 m Höhe erreicht hatte, senkte er sich wieder abwärts und fiel in 500 m Entfernung von der Stelle nieder, von der er aufgelassen worden war.

Die großen Vorteile, welche Tagesaufstiege bei heiterem Himmel mit sich brachten, wogen schließlich den Nachteil nicht auf, der darin besteht, daß in den größeren Höhen, da, wo die untere Grenze der Stratosphäre erreicht wird, die Ventilation unter das erforderliche Maß sinkt und deshalb in der Höhe, wo infolge der Bestrahlung durch die Sonne die Bestimmung dieser Untergrenze ungenau wird, auch gerade das Auftreten dieses schädlichen Einflusses zu erwarten ist. Man kann zwar die Aufstiegsgeschwindigkeit steigern; es ist dies jedoch nicht vorteilhaft, wenn große Höhen erreicht werden sollen, um so mehr, weil auch das Nachhinken der registrierten Temperatur und Feuchtigkeit vergrößert wird. Selbst bei einer Steiggeschwindigkeit von nur 5 m pro Sekunde sinkt die Ventilation schon bei 12 000 m Höhe unter den erforderlichen Wert von 1,0, und dieses Niveau muß der Ballon noch um 5000 m überschreiten, bevor er die Stratosphäre erreicht.

Ich entschloß mich darum zu nächtlichen Aufstiegen und wählte dazu die letzten Stunden der Nacht vor Sonnenaufgang, weil dann das Instrument bei Tageslicht zur Erde fällt und die Wahrscheinlichkeit besteht, daß es beim Herunterkommen von den Eingeborenen bemerkt wird. Auch fiel ins Gewicht, daß am frühen Morgen das Wetter meist günstig ist, während vor Sonnenuntergang oft Böen den Aufstieg stören würden; immerhin will ich aber zukünftig gerade zu jenen Stunden Aufstiege zwecks Erweiterung der Untersuchungen vornehmen.

Bei den Aufstiegen frühmorgens war natürlich Visierung ausgeschlossen, und folglich konnten sie auch an den von der Internationalen Kommission für wissenschaftliche Luftschiffahrt festgesetzten Tagen vorgenommen werden, wenn auch der Vorteil dieser Gleichzeitigkeit bei der abgesonderten Lage von Batavia vorläufig illusorisch zu nennen ist.

Die Ergebnisse sind sehr beeinträchtigt worden durch ein Übel, das auch Anderen zu mancher Klage Anlaß gegeben hat; die Uhren der Registrierapparate wollen nämlich bei der intensiven Kälte in den größeren Höhen nicht mehr gehen. Jetzt werden unsere Uhren in Straßburg sorgfältig repassiert, wodurch das Übel in vielen, aber leider nicht allen Fällen beseitigt zu sein scheint. Bevor mir aber ungenügende Repassierung als die Ursache bekannt war, habe ich mir durch folgenden Kniff geholfen. Es war bekannt, daß die durch Kälte arretierten Uhren durch Erschütterungen wieder in Gang gesetzt werden können, was folglich einen Hinweis bedeutete, künstliche Erschütterungen hervorzurufen. Da mir nun bei den Visierungen aufgefallen war, wie das System Ballon—Fallschirm—Instrument bei seiner Länge von ca. 30 m fast immer sich in pendelnder Bewegung befand, lag es auf der Hand, diese Bewegung für die Erzeugung von Erschütterungen zu benutzen und einen Stein auf solche Weise zu befestigen, daß er von Zeit zu Zeit den Instrumentenkorb treffen mußte. Hierzu war es aber erforderlich, daß dieser Stein eine Schwingungszeit hatte, die größer war als jene des Systems Ballon—Schirm—Instrument. Letzteres war sehr einfach dadurch zu erreichen, daß unter jenem Steine an einer genügend langen Schnur ein zweiter befestigt wurde. Bei dieser Anordnung, welche durch nebenstehende Skizze dem Leser deutlich werden dürfte, ist die Schwingungszeit des Steinsystems größer als die des Ballonsystems, was Umkehrung der Phase zur Folge hat. Dadurch werden Stein und Korb in entgegengesetzter Richtung schwingen, so daß die Wahrscheinlichkeit eines Zusammenstoßes sehr groß ist. Das Gewicht der benutzten gewöhnlichen Steine betrug ca. 100 g.

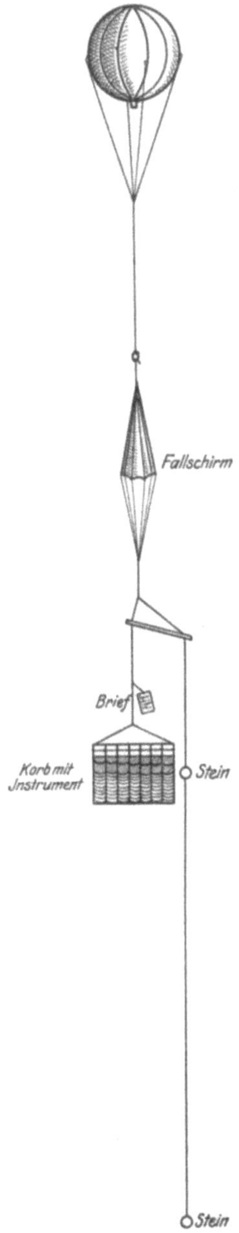

Dieses Hilfsmittel ist allerdings ziemlich roh und nur als Notbehelf zu betrachten; doch hat schließlich Niemand etwas besseres erdacht. Ein kleiner Vorteil besteht noch darin, daß durch die Stöße ev. noch vorhandene Reibungswiderstände bei den Federn aufgehoben werden.

Es wurden ausschließlich die bekannten Registrierapparate von Bosch in Straßburg benutzt, und zwar waren fast alle mit dem Lamellenthermographen nach Teisserenc de Bort ausgestattet, nur wenige besaßen den Rohrthermographen nach Hergesell.

Bei den Aufstiegen im Jahre 1910 war es auffallend, dass der Rohrthermograph um einige Grade tiefere Temperaturen als der Lamellenthermograph aufzeichnete, während sich bei einigen der neueren Aufstiege gerade das Gegenteil ergab.

In einigen Fällen zeigte die von dem Rohrthermographen registrierte Kurve recht viele kleine Zacken, wohingegen die Linie des Lamellenapparates glatt war, während wieder in anderen Teilen derselben Kurve kleine Unregelmäßigkeiten in der Temperaturveränderung von beiden Thermographen aufgezeichnet wurden,

Fig. 4. Registrierballon mit Erschütterungsvorrichtung.

so daß man geneigt ist, in jenen Fällen gegen den Rohrthermographen Mißtrauen zu hegen. Da der Mechanismus des ersteren so viel einfacher ist als die äußerst subtile Übertragung des letzteren, ist es nicht unwahrscheinlich, daß dieser Mechanismus leicht gestört wird.

Eichung der Registrierinstrumente.

Bei der Bearbeitung der von den ersten Aufstiegen erhaltenen Diagramme wurden für die Ableitung des Luftdruckes aus den abgelesenen Ordinaten der Barographenkurve die in Straßburg nach der Theorie von Hergesell und Kleinschmidt aufgestellten Korrektionsformeln benutzt. Als aber in einigen Fällen bei kleinen Drucken und sehr tiefen Temperaturen Korrektionen herauskamen, die sich nicht zusammenreimen ließen, wurde es mir klar, daß diese Korrektionsformeln für die Verhältnisse oberhalb Batavias nicht tauglich sind, und daß eine vollständige Eichung gleichzeitig bei niedrigen Drucken und tiefen Temperaturen unumgänglich nötig war.

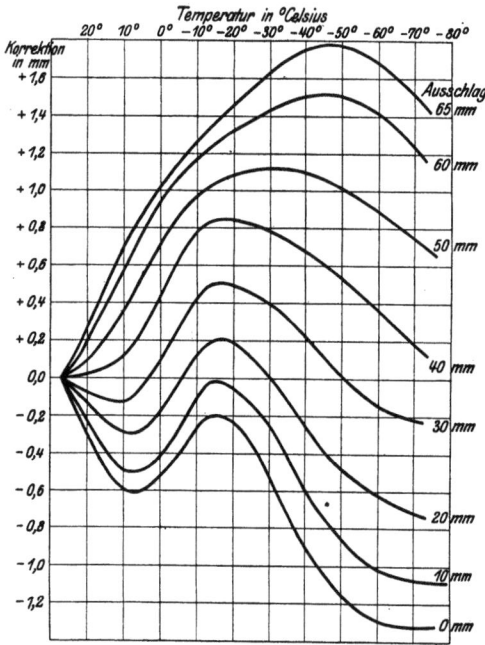

Fig. 5. Isoplethendiagramm für Barographenkorrektionen.

Ungeachtet der sehr dürftigen technischen Hilfsmittel des Observatoriums sind diese Schwierigkeiten, wenn auch nicht ganz, so doch in genügendem Maße überwunden worden, so daß jetzt immer für jedes zurückgebrachte Diagramm zulässige Korrektionen zur Verfügung stehen.

Das Instrument wird bei der Eichung in ein nur wenig größeres, hermetisch verschließbares Gefäß gebracht und letzteres wieder in ein Bad von wechselnder Zusammensetzung und Temperatur untergetaucht. Benutzt sind: bei ca. + 26° C (Zimmertemperatur) Wasserbad; bei ca. + 5° C durch Eis abgekühltes Wasserbad; bei ca. — 15° C ein Bad von Eis mit Salz; bei ungefähr — 40°, — 60° und — 75° C Alkohol mit fester Kohlensäure gekühlt. Bei jeder dieser Temperaturen wird der Druck in 5 Stufen von 760 bis 25 mm erniedrigt. Hierbei ist das Fehlen von Ventilation dem Temperaturaustausch zwischen Bad und Barograph zweifellos hinderlich. Es wurde deshalb immer, nachdem das Bad die gewünschte Temperatur angenommen hatte, eine halbe Stunde gewartet, bis mit der Druckverminderung begonnen wurde, und weiter zuerst von höheren zu tieferen und nachher umgekehrt von tieferen zu höheren Temperaturen fortgeschritten.

Künstliche Ventilation und Anwendung von Spiralröhren, durch welche die abkühlende Flüssigkeit innerhalb des Gefäßes zirkuliert, stellt selbstverständlich eine bessere Methode vor, doch sind die von uns erzielten Resultate von genügender Zuverlässigkeit.

Diese Ergebnisse zeigen nun deutlich, daß die meisten Instrumente für Druck und Druckkorrektionen keine geradlinigen Isothermen liefern, wie dies bei der Hergesell-Kleinschmidtschen Formel der Fall ist, sondern daß sie gerade da, wo sie am genauesten sein sollten, nämlich bei den tiefen Temperaturen und kleinen Drucken, zuweilen bedeutend davon abweichen. Zur praktischen Benutzung der Eichungsergebnisse wurde ein Isoplethendiagramm der Barographenausschläge konstruiert; als Beispiel ist hier ein solches für das Instrument Bosch Nr. 485 reproduziert (Fig. 5).

Die Abszissen geben die Temperaturen, die Ordinaten die endgültigen Korrektionen des Ausschlages in Millimetern an. Mit einem Blicke läßt sich bei der Bearbeitung des Ballondiagrammes, wobei Temperatur und Ausschlag als gegebene Größen fungieren, die Ausschlagskorrektion aus dem Isoplethendiagramm herauslesen. Mit dem korrigierten Ausschlag wird aus der bei Zimmertemperatur erhaltenen Eichungskurve des Barographen der Druck abgelesen.

Fig. 6. Eichung eines Registrierinstruments.

Auf nebenstehendem Bilde sieht man Dr. Braak und den Rechner Kats mit einer Eichung beschäftigt, wobei auch ersichtlich ist, wie die Kohlensäureflasche in Eis abgekühlt wird, um den schädlichen Einfluß der hohen Zimmertemperatur auf die Produktion von fester Kohlensäure aufzuheben.

Um das starke Beschlagen des sehr kalten Instrumentes bei Zutritt von Zimmerluft zu verhindern, wird letztere vorher über Chlorkalzium geführt.

Drachen.

Weiland Marineleutnant Rambaldo, welcher in Lindenberg durch Geheimrat Aßmann in die aerologische Wissenschaft und deren Technik eingeführt worden war, faßte im Jahre 1908 den Plan, an Bord des Kriegsschiffes, auf welchem er via Westindien nach Java reisen sollte, Drachenaufstiege zu veranstalten, und mit zäher Beharrlichkeit hat er die zahlreichen Hindernisse, die sich diesem Unternehmen entgegenstellten, überwunden.

Kurz nach seiner Ankunft auf Java wurde er zum Observatorium abkommandiert und konnte sich daselbst seinen Experimenten in erweitertem Maße hingeben. Seine Ausrüstung ging in den Besitz des Observatoriums über und wurde noch bedeutend vermehrt. Sowohl die erste Anschaffung wie auch die zweite Sendung sind durch die liebenswürdige und hochgeschätzte Unterstützung des Geh. Regierungsrates Direktor Aßmann zustande gekommen.

Dr. Braak als stellvertretender Direktor (ich weilte von Oktober 1908 bis März 1910 in Europa) und Rambaldo suchten ein passendes Gelände für die Drachenaufstiege und wählten dafür den großen freien Rasenplatz, welcher, mitten in Batavia gelegen, unter dem stattlichen Namen „Koningsplein" bekannt ist. Mitten auf diesem rechteckigen Gelände, das fast einen Quadratkilometer Flächenraum einnimmt, bauten sie sich eine Hütte zur Aufnahme der Drachen und einer Winde, und hätte sich nicht ein unerwarteter Übelstand gezeigt, so wäre das Terrain äußerst günstig gewesen. Es wurde nämlich wiederholt eingebrochen, wobei sogar die kupfernen Teile der Winde und die Bekleidung der Drachen gestohlen wurden. Da eine dauernde Bewachung aber unmöglich war, mußten wir schließlich das Feld räumen. Auch ohne diesen einigermaßen lächerlichen Umstand hätte die Aufhebung der Drachenstation stattfinden müssen, da längs zweier Seiten des Platzes eine elektrische Bahn, die jetzt in Betrieb genommen ist, gebaut wurde.

Von einer Übersiedelung nach einem anderen Gelände wurde abgesehen, weil die Erfahrung gelehrt hatte, daß die Windverhältnisse nur an wenigen Tagen günstig für Drachenaufstiege sind. Am Morgen ist der Unterwind zu schwach, weniger als 5 m/sec, um die Drachen hochzubringen. Hat nun gegen Mittag der Wind genügend an Kraft zugenommen, um dies möglich zu machen, so hat unterdessen der Oberwind so viel an Geschwindigkeit eingebüßt, daß nur geringe Höhen mit den Drachen erreicht werden können. Aus den mittleren Werten der Windgeschwindigkeit, welche an drei Tagesstunden in verschiedenen Höhen aufgenommen wurden und auf Seite 35 wiedergegeben werden, sind diese ungünstigen Windverhältnisse, die oft einem glücklich begonnenen Aufstiege ein weniger glückliches Ende bereitet haben, leicht zu erkennen. Diesen mißlichen Umständen war unser Personal, das ja doch nicht allein mit aerologischen Experimenten beschäftigt ist, nicht gewachsen, und folglich wurde beschlossen, nachdem Rambaldo das Observatorium wieder verlassen hatte, die Aufstiege auf dem Lande einzustellen und nur auf dem Meere fortzusetzen, womit im Januar 1910 ein gut gelungener Anfang gemacht worden war.

Damals wurden während einer Fahrt von Batavia nach den im Südchinesischen Meere gelegenen Natuna-Inseln und zurück zehn Aufstiege gemacht, während später, im April 1912, Dr. Braak eine derartige Reise nach Süd-Borneo und im September desselben Jahres nach Ambon unternahm. Diese drei Reisen gaben demnach Gelegenheit, die Verhältnisse auf dem Meere während der Regenzeit, während des Monsunkenterns und während der Trockenzeit zu untersuchen.

Der Dampfer „Java" läuft neun Meilen und besorgt die Ablösung der Leuchtturmwärter. Er ist ein ehemaliges Kriegsschiff ohne hintere Maste, was dem Hochlassen der Drachen sehr förderlich ist. Ein erster Versuch, die Drachen mittels eines Ringes aufzulassen, wie das in Europa möglich ist, schlug fehl und endete mit dem Verlust der Drachen. Nachher wurden die Drachen vom Dache des Zeltes, das über dem erhöhten Hinterdeck ausgespannt ist, hochgelassen, wobei Verluste nicht mehr erlitten wurden.

Durch Kupplung der Drachenwinde mit der Schiffswinde gestaltete sich außerdem auch das Einholen viel bequemer. In Batavia dagegen hat ein geliehener alter Benzinmotor so gut wie gar keine Dienste geleistet; die Beobachter mußten zuweilen selbst beim Einholen mit an der Kurbel drehen.

Die von Rambaldo mitgebrachten Drachen waren nach dem Hargrave-Modell gebaut mit einer Tragfläche von 4 m². Später sind aber am Observatorium solche von 6 m² Tragfläche hergestellt worden. Auch wurden aus Europa zusammenlegbare „Regenschirm"-Drachen bezogen, die jedoch nur selten in Gebrauch genommen werden konnten.

Bei den Aufstiegen strebte Dr. Braak immer danach, die Drachen so lange wie möglich in der Luft zu halten mit der Absicht, Daten zu sammeln für die Kenntnis der täglichen Schwankungen der meteorologischen Elemente und ihrer horizontalen Änderungen in den verschiedenen Höhenschichten.

Neue Methoden sind bei den Drachenaufstiegen nicht befolgt worden. Da sich der Verfasser damit, sowie mit den unten angeführten Fesselballonaufstiegen nur im allgemeinen beschäftigte und die Ausführung der Experimente völlig den Herren Braak und Rambaldo überlassen hat, so wird er sich in dieser Schrift mit obigen Bemerkungen begnügen dürfen.

Fesselballone.

Das Drachenhaus auf dem „Koningsplein" war ganz dicht an der Rohrleitung, die von der Gasanstalt nach einem Gasbehälter in der oberen Stadt führt, errichtet worden, lag also sehr geeignet für den Fesselballonbetrieb, der mit einem Ballon von 30 m³ Inhalt im November 1909 eingeleitet wurde, während später noch zwei Ballone von 36 m³ hinzukamen. Die Direktion der Gasanstalt hatte die Freundlichkeit, leichtes Gas zu sammeln und für die Füllung zur Verfügung zu stellen. Das spezifische Gewicht des Gases betrug meist 0,45. So ungünstig die schwachen Winde für den Drachenbetrieb gewesen waren, desto förderlicher zeigten sie sich für die Aufstiege der Fesselballone, und die Ergebnisse hätten sehr reichhaltig ausfallen können, hätte nicht die künstliche Ventilation des Registrierapparates versagt. Es wurde zwar nachher versucht, durch schnelles Auslassen und Einholen die fehlende Ventilierung zu ersetzen, aber da versagte wieder der Motor, welcher die Winde antreiben sollte. Besonders für die oberen Höhenlagen, da wo der Auftrieb des Ballons allmählich bis auf Null herabsinkt, sind die Tagesregistrierungen sehr ungenau infolge der Strahlung ausgefallen. Bei Aufstiegen während des Abends und der Nacht war dieser schädliche Einfluß nicht zu befürchten. Wegen Personalmangels wurde Anfang 1911 auch der Fesselballonbetrieb eingestellt, und es ist noch nicht entschieden, inwieweit wissenschaftliche Interessen die Wiederaufnahme des regelmäßigen Betriebes erfordern. Die tägliche Schwankung der Temperatur und Feuchtigkeit, welche in den verschiedenen Höhenschichten auftritt, bildet ein Problem von genügendem Interesse, um statt dessen nächtliche Aufstiege zu veranstalten. Ein solcher wurde z. B. in der Nacht vom 16.—17. Februar 1912 vorgenommen, wo die Ballone fünfmal hochgelassen wurden. Das letzte Mal, als beide Ballone am Kabel zogen, kehrte leider nur der unterste zur Erde zurück, während vom oberen niemals mehr die geringste Nachricht erhalten wurde. Ein neuer Ballon ist jedoch mit eigenen Kräften am Observatorium hergestellt worden. Bei jenen nächtlichen Aufstiegen machte man die Erfahrung, daß die starke Taubildung, wodurch der Ballon an Steigkraft verliert, sehr zu beachten und möglichst zu umgehen ist.

Hoffentlich können auch die Aufstiege am Tage, aber dann mit einem kräftig ventilierten Registrierapparat, wieder aufgenommen werden.

Freiballon „Batavia".

Im Jahre 1909 wurde in Batavia ein Indischer Luftfahrt-Verein ins Leben gerufen, und der Verein sah sich auch bald durch Schenkungen in der Lage, einen Ballon zu kaufen. Dieser Ballon, der einen Inhalt von 1680 m³ hatte, wurde von der Firma Clouth in Cöln geliefert und langte im Januar 1910 in Batavia an. Am 26. Februar 1910 wurde er alsdann vom General-Gouverneur Idenburg feierlich mit dem Namen „Batavia" benannt. Unmittelbar nach dieser Zeremonie hob er sich zu einer ersten Fahrt in die Luft. Nach zahlreichen Fahrten, die von Batavia und Soerabaja aus unternommen wurden, hatte die Hülle neben großen Schäden infolge schwerer Landungen auch solche infolge von Sonnenbestrahlung erlitten, so daß neuerdings beschlossen werden mußte, die alte Hülle durch eine neue zu ersetzen.

Auf mehreren der Fahrten sind meteorologische Beobachtungen angestellt worden, deren Ergebnisse, soweit sie dafür tauglich waren, von Dr. Braak bearbeitet worden sind[1]). Die meteorologische Ausrüstung bestand aus einem künstlich ventilierten Barothermohygrographen von Bosch (Straßburg) und einem Aspirationsthermometer nach Aßmann. Die Registrierung des ersteren Instrumentes zeigte deutlich, daß ungeachtet der künstlichen Ventilation und des doppelten Schutzmantels bedeutende Strahlungseinflüsse wirksam geblieben waren. Dr. Braak äußert sich darüber mit folgenden Worten (a. a. O. S. 20):

„Die Thermo- und Hygrographenbeobachtungen sind nicht zuverlässig. Sie zeigen unregelmäßige Abweichungen; die Temperaturen sind merklich höher als die Aßmannschen Temperaturen. Die Störungen sind wohl nicht dem Ballon zuzuschreiben, sonst würden sie auch in den Aßmannschen Temperaturen sich zeigen müssen; wahrscheinlich ist die Ventilation ungenügend gewesen, obwohl der Ventilator gut arbeitete. Da nur die arbeitenden Teile, nicht das ganze in Ruhe aufgehängte Instrument ventiliert wird, ist eine starke Erhitzung des Apparates zu fürchten, und da der aspirierte Luftstrom von oben eintritt, berührt er eben die erhitzten Teile, und eine merkliche Einwirkung ist gar nicht ausgeschlossen. Vielleicht spielt auch direkte Strahlung oder Wärmeleitung zum Thermographenkörper eine Rolle. Der mehr geschützte Hygrograph weicht nämlich systematisch weniger ab."

Was die Füllung des Ballons angeht, so war auf Java von Wasserstoff-Füllung keine Rede. Jedoch lieferte die Gasanstalt freundlichst ein besonders leichtes Leucht-

---

[1]) Dr. C. Braak, Kon. Magnet. en Meteor. Observatorium te Batavia. Verhandelingen 2, 1912.

gas, das eigens für die Ballonfahrten zusammengespart wurde. Die Gasdichte betrug ca. 0,45, so daß mit vier nicht zu schweren Insassen noch 3000 m Höhe erreicht werden konnte. Marineleutnant Rambaldo erreichte mit einem Insassen, nachdem zwei ausgestiegen waren, sogar eine Höhe von 3500 m.

Die Schmalheit der Insel Java setzt der freien Ballonfahrt Schranken entgegen, ungeachtet des glücklichen Umstandes, daß die Längsausdehnung der Insel dem

Fig. 7. Ballonlandung auf einem trockenen Reisacker.

ostwestlichen Windsystem parallel läuft und die Geschwindigkeit des Windes durchschnittlich gering ist. Unvorteilhaft ist es in dieser Hinsicht, daß diejenigen Städte, welche eine Gasanstalt besitzen, an der Küste liegen; nur Buitenzorg macht davon eine Ausnahme. Tatsächlich hat einmal in Buitenzorg ein Aufstieg stattgefunden, aber die Gasanlage besaß für die Füllung eine praktisch zu geringe Leistungsfähigkeit.

Während der Jahreszeit der östlichen Winde bieten Batavia und besonders Soerabaja ziemlich günstige Verhältnisse dar, hingegen während der anderen Jahreszeit ist ihre Lage den Westwinden gegenüber die denkbar schlechteste. Die Fahrten, die während letztgenannter Zeit von Batavia aus unternommen wurden, endeten alle sehr bald entweder in ausgedehnten Sümpfen oder an der Küste. In Soerabaja hat man es einmal gewagt, bei westlichem Winde aufzusteigen, wobei man sich auf die Hilfe eines Torpedobootes stützte. Tatsächlich konnte der Ballon, welcher über der Madurastraße schwebte, das Land nicht erreichen und mußte auf dem Dampfer „gelandet" werden, was nur mit großer Mühe und Materialbeschädigung gelang. Zuerst wurde noch versucht, den Ballon mittels des Schlepptaues ans Land zu schleppen, jedoch mußte man das aufgeben, als der Korb nebst Insassen einige Male ins Wasser tauchte. Eine solche Landung soll auf Grund dieser Erfahrungen nur als Notbehelf dienen und nicht absichtlich ausgeführt werden.

Auch von Batavia aus wurde eine Fahrt über dem Meere unternommen, auf welche ich zurückkommen will.

Interessant ist es zu lesen, was einer der Insassen über die Durchsichtigkeit des Meerwassers schreibt: „Ist schon die Farbenpracht über dem Lande auffallend, so ähnelt sie doch noch nicht jener, welche das Meer zu schauen gibt. Das tiefste Blau wechselt mit den zartesten grünen Färbungen, die da, wo der Strand beginnt, ins Gelbe übergehen, während die intensiv grünen Inseln sich wie Sträuße ausnehmen."

„Noch mehr Eindruck macht aber die Durchsichtigkeit des Wassers."

„Bei den Inseln war es nicht zu unterscheiden, wo das Meer endete und das Land anfing. Einige Riffe machten den Eindruck, Inseln zu sein, wären nicht die darüber treibenden Fischerkähne dagewesen, die nur allzu deutlich das Gegenteil bewiesen. In einer Höhe von 500—800 m konnte man bis zu großer Tiefe hinabsehen, an gewissen Punkten war eine Beobachtung des Meeresbodens noch möglich bei einer Tiefe von 10—12 Faden."

„Es stellte sich heraus, daß für eine gute Beobachtung wenigstens 500 m Höhe nötig war und daß später während der Schleppfahrt in 75 m Höhe keine Spur von Riffen oder Fischen dem Auge sichtbar wurde."

Anemometer.

Die im Archipel vorwaltenden Windverhältnisse, die u. a. sich darin zeigen, daß das Inselreich (ausgenommen in seinen allernördlichsten und -südlichsten Teilen) nie von Zyklonen heimgesucht wird, bedingen ein ganz anderes Interesse für Windbeobachtungen als in anderen sturmbesuchten Gegenden. Früher ist in Batavia den anemometrischen Beobachtungen meiner Meinung nach mehr Beachtung geschenkt worden, als sie verdienen, besonders da der Einfluß der starken Reibung, welche der dicht bewachsene Erdboden ausübt, die Beobachtung eines ungestörten Monsuns stark beeinträchtigt.

Der frühere Direktor des Observatoriums, Dr. J. P. van der Stok, hat aus den zahlreichen Beobachtungen, welche an Bord von holländischen Kriegsschiffen und auf Leuchttürmen angestellt wurden, das Windsystem völlig klargelegt in seiner Veröffentlichung: Wind and weather, currents, tides and tidal streams in the East Indian Archipelago. Batavia 1897.

Es war aber von großer Wichtigkeit, das Verhalten der zwei Hauptluftströmungen, des West- und Ostmonsuns, welche charakteristisch für das Klima des Archipels sind, dauernd zu überwachen und eine derartige Überwachung, wenn möglich, mittels Beobachtungen auf dem Meere auszuüben, da nur auf dem Meere die Monsune ungestört wehen, dagegen auf dem Lande durch Erhebungen des Bodens, durch Berg- und Talwind, Land- und Seebrise stark beeinflußt werden.

Diese Überlegungen führten zur Errichtung von Anemometerstationen auf einigen Leuchttürmen, die mitten auf dem Meere eine völlig freie Lage besitzen. Die drei Türme sind so gewählt worden, daß der für die klimatischen Verhältnisse besonders wichtige Ostmonsun während des größten Teiles seiner Bahn über den Archipel hin verfolgt werden kann. Der erste Turm steht auf einer winzigen Insel namens Maety Miarang, welche östlich von der NE-Spitze Timors liegt und dem von Australien her über die Timorsee herankommenden Ostmonsun besonders ausgesetzt ist. Der zweite steht auf einem Korallenriffe südlich von der SW-Spitze von Celebes, bekannt unter dem Namen „de Bril", und der dritte, „Discovery Oostbank", gleichfalls auf einer Korallenbank östlich von der Insel Billiton.

Da die Leuchtturmwärter Eingeborene sind, hielt ich es für zu gewagt, ihnen die tägliche Überwachung eines Anemographen zuzutrauen, und überließ ihnen deshalb nur die Ablesung des so einfachen und fast nie versagenden Robinsonschen Schalenkreuzes. Die Zifferblätter werden von den Wärtern an folgenden Terminstunden abgelesen: 6^h a. m., Mittag, 6^h p. m., und dies genügt für die Kenntnis der stetigen Winde des Ostmonsuns, nicht aber für diejenige der böigen Winde des Westmonsuns und der unsteten des „Monsunkenterns".

Das Schalenkreuz der Anemometer steht in einer Höhe von ca. 28 m über dem Meeresspiegel, so daß der Wind in dieser Höhe zum Teil frei von dem ohnehin geringen Reibungseinfluß der Meeresoberfläche sein wird. Dr. Braak konnte auf seiner Drachenreise nach Ambon den Leuchtturm auf „de Bril" besuchen und sich von der zweckmäßigen Aufstellung von Schalenkreuz und Windfahne überzeugen; er machte die hier reproduzierte photographische Aufnahme, welche die freie Lage des Turmes deutlich zeigt, und auf welcher der Aufstellungsort des Anemometers mit einem Pfeil bezeichnet ist.

Fig. 8. Leuchtturm mit Anemometer auf „de Bril".

Zwar wird der Archipel nicht von Zyklonen besucht, aber die Gewitterböen werden zuweilen von heftigen jähen Windstößen eingeleitet. Windhosen, die Dächer abwerfen und Häuser einstürzen, kommen gelegentlich vor. Die immer in voller Blätterkrone prangenden Bäume sowie die luftig gebauten Häuser sind wenig widerstandsfähig und fallen öfters den Windstößen zum Opfer, was dazu beiträgt, daß die Einwohner, welche wirkliche Stürme nicht kennen oder halb vergessen haben, die Windstärke meist überschätzen. Zu dem Zweck, praktische Kenntnisse über die Energie solcher Windstöße zu erwerben, ist schon seit zwei Jahren eine Schnellregistrierung der Windgeschwindigkeit und ein Winddruckaufzeichner am Observatorium tätig. Der letztere hat statt der üblichen Druckplatte einen zylinderförmigen Körper (50 × 20 cm), welcher auf einem in seiner Mitte kardanisch aufgehängten Stabe steht. Am unteren Ende des Stabes befindet sich ein Gewicht, daß in ein Wasserbad eintaucht, wodurch etwaige Schwingungen gedämpft werden. Weiter trägt der Stab einen Schreibarm, dessen Feder auf berußtes, unbewegtes Papier die Kurven zeichnet. Das Papier wird täglich gewechselt und für jeden Tag aus dem Diagramm Richtung und Druck des stärksten Windstoßes abgelesen. Leider hat, seitdem dieses einfache Instrument funktioniert, noch keine heftige Böe das Observatorium getroffen. Auf umseitiger Abbildung des Observatoriums sieht man den Apparat ganz rechts oben.

Um weiter auch Beobachtungen über die momentane Windstärke im Gebirge zu sammeln, hat der Direktor der staatlichen Kina-Anpflanzungen auf meine Anregung hin einen Biagraphen nach Dines auf einem seiner Dienstgebäude aufgestellt. Der Ort liegt 1580 m hoch über dem Meeresspiegel auf einer Hochebene südwestlich vom erloschenen Vulkan Malabar, der sich im südwestlichen Teile von Java bis zu einer Höhe von 2340 m erhebt.

Fig. 9. Die Hinterfront des Observatoriums bei Batavia.

Bergstationen.

Bevor man gelernt hatte, die Mittel, welche die Ballontechnik für die Untersuchung der Atmosphäre geschaffen hat, erfolgreich anzuwenden, hatte man damit begonnen, auf den Berggipfeln regelmäßige Beobachtungen anzustellen und besonders mit selbstregistrierenden Instrumenten die Wettervorgänge zu verfolgen. In den letzten Jahren, als die Ballonbeobachtungen eine größere Vollkommenheit erreichten, zeigte es sich, daß diese viel besser die wahren Verhältnisse in der freien Atmosphäre angeben als Bergbeobachtungen (von den Verhältnissen über dem Meere ganz zu schweigen), aber glücklicherweise hat man die letzteren darum nicht vernachlässigt. Sie geben uns doch ein Bild von den tatsächlichen Verhältnissen in dem Gebirge, denn eben dort befindet sich die Brutstätte manches Wetterphänomens, das weithin über die Ebene ausstrahlt. Außerdem ist gerade im ostindischen Archipel das Gebirge von erhöhter Wichtigkeit, da auf seinen Abhängen große Kulturen getrieben werden.

Während der Jahre 1893—1897 sind von Dr. Kohlbrugge regelmäßige Beobachtungen angestellt worden auf einer Bergstation — Tosari — in einer Höhe von 1770 m auf dem nordöstlichen Abhange des in Ostjava sich erhebenden Tengger-Vulkans.

Im Jahre 1911 ist in diesem bekannten Kurort durch das Observatorium eine mit selbstregistrierenden Instrumenten versehene meteorologische Station errichtet worden, und bald darauf sind auch auf dem merkwürdig gestalteten Massiv des Idjenvulkanes, welcher auf der östlichen Flanke der gigantischen Reihe der javanischen Vulkane steht, sowie an seinem Fuße fünf mit selbstregistrierenden Instrumenten ausgerüstete Stationen gebaut worden.

Die mittlere liegt in 1100 m Höhe auf dem Boden des riesigen, längst erloschenen Kraters, welcher nicht weniger als 15 km Durchmesser besitzt.

Eine wahre Gipfelstation wurde auf der 3025 m hohen Spitze des Pangerango, des höchsten Berges im westlichen Teile Javas, errichtet. Zwei andere Stationen, in 1110 und 1425 m Höhe, auf seinen Flanken und die im Nordwesten in der Ebene liegende Station Buitenzorg bilden mit der Gipfelstation in Westjava ein Stationssystem, wie die Idjenstationen und Tosari mit der Basisstation Pasoeroean in Ostjava.

Fig. 10. Meteorologische Hütte auf dem Pangerango-Gipfel, 3025 m über dem Meere.

Die hier reproduzierte Photographie der meteorologischen Hütte, welche ich auf dem Pangerangogipfel aufnahm, gibt ein Bild von dem hölzernen, mit Jalousien versehenen Käfig, in welchem die Instrumente aufgestellt sind, und von dem Schirmdache, welches gegen direkte Sonnenbestrahlung schützt. Beide sind speziell für die indischen Verhältnisse entworfen worden.

Seit der Errichtung der Pangerangostation — 1. Januar 1912 — wird sie wöchentlich von einem eingeborenen Gärtner des botanischen Berggartens in Tjibodas (1425 m Höhe) besucht zwecks Auswechslung der Registrierbögen und Ablesung einiger Instrumente.

Wolken-Theodolithe.

In jenen Zeiten, als man Registrier- und Pilotballone noch nicht kannte, waren es insbesondere die Wolken, welche uns am meisten über die Wind- und Kondensationserscheinungen bis zu großen Höhen aussagten, vornehmlich, als es mittels der Photographie möglich wurde, von dem so komplizierten Wolkengebilde sich ein momentanes Bild zu schaffen. Die Wissenschaft tat einen bedeutenden Schritt vorwärts, als durch die Initiative Hildebrandssons 1896/97 überall Wolkenbeobachtungen angestellt wurden. Auch in Batavia wurden in diesem Wolkenjahre mit zwei photographischen Theodoliten zahlreiche Doppelaufnahmen zwecks Höhenbestimmung gemacht. Der zweite Beobachtungspunkt, der

1625 m vom Observatorium entfernt lag, ist auf dem Plane (S. 7) mit W angedeutet.

Auch über den Wolkenzug wurden in jenem und dem folgenden Jahre zahlreiche Beobachtungen in Batavia angestellt, dabei wurde jedoch dem Zug der Cirren und der hohen, sich meist am Nachmittage entwickelnden Cumulonimbi wenig Beachtung geschenkt. Seitdem ist aber während der Jahre 1906 bis 1911 der Zug der Cirren fleißig beobachtet worden, auch werden seit kurzem Doppelaufnahmen der Cu-Ni gemacht. Die letzteren zeigen sich am Nachmittag besonders im Süden, näher dem Gebirge, wo sie sich zu wahren Wolkenkolossen auftürmen. Die zweite Station wurde darum bei der Wohnung des bei jenen Aufnahmen behilflichen Beamten errichtet, welche 5½ km südöstlich vom Observatorium entfernt liegt; mittels eigener Fernsprechleitung ist es möglich, im Falle sich interessante Wolken zeigen, innerhalb 10 Minuten eine Doppelaufnahme zu machen. Die Anwendung von Brusttelephonen ermöglichen den Beobachtern, sich während der verschiedenen Manipulationen ununterbrochen miteinander zu verständigen. Die beiden photographischen Theodoliten, welche vor ungefähr 20 Jahren von Steinheil geliefert wurden, sind zwar von schwerfälliger, aber genauer Ausführung; die instrumentellen Korrektionen sind mit Sorgfalt bestimmt worden.

Ergebnisse.

Wind.

In den folgenden Kapiteln will ich die hauptsächlichsten Ergebnisse, welche früher und besonders in den letzten Jahren mit den in den vorigen Kapiteln beschriebenen Beobachtungsmitteln erreicht worden sind, behandeln, und, da die Erforschung der Windverhältnisse bis jetzt am eifrigsten betrieben wurde, soll mit den Beobachtungen dieses für die Meteorologie hochwichtigen Elementes angefangen werden.

Ein erstes Ergebnis[1]) ist die mittlere Geschwindigkeit des Windes ungeachtet seiner Richtung. Die umstehende Tabelle, in welcher die Stufenwerte für fünf Monatsgruppen (über die Einteilung des Jahres in diesen Gruppen siehe weiter unten) vereinigt sind, wurde für die Höhen bis 17 000 m aus den bis 1. Juli 1911 laufenden Beobachtungen und für die Höhen oberhalb dieses Niveaus aus dem gesamten bis Ende September 1912 reichenden Material zusammengestellt.

Diese mittleren Zahlen sprechen deutlich von einer im allgemeinen schwachen Luftbewegung, und auch die bei den verschiedenen Aufstiegen beobachteten Geschwindigkeiten selbst sind zum größten Teil wenig von den Durchschnittswerten verschieden. In den untersten Schichten überschreitet die Geschwindigkeit selten 10 und fast niemals 20 m/sec., und zwar dieses nur bei voller Entwicklung des West- und Ostmonsuns. Es muß aber hier betont werden, daß dies für ziemlich ungestörtes Wetter gilt, und daß Böen außer acht gelassen sind.

Die Tabelle zeigt weiter an, daß oberhalb der Schicht, wo die Bodenreibung den Wind bremst, die Geschwindigkeit durchschnittlich gleich bleibt und erst in 6 km Höhe zu wachsen anfängt, bis bei 13 000—15 000 m die Höchstwerte erreicht werden. Merkwürdig ist es nun, daß in diesen Höhen die Schwankung zwischen den windschwachen Übergangszeiten und den windstarken Monsunen viel größer als in den unteren Schichten ist. Dies läßt sich aber leicht erklären aus der geringeren Dichte der Luft, was im folgenden näher besprochen werden wird.

Ist zwar die Kenntnis der Windgeschwindigkeit an sich schon lehrreich und nützlich, so besteht natürlich der Hauptzweck darin, Richtung und Geschwindigkeit in ihrem Zusammenhange kennen zu lernen, also das allgemeine System der Winde über dem Archipel und speziell über Batavia zu erforschen.

Das Windsystem über dem Archipel ist sehr einfach gebildet; es erleidet auch keine Störungen durch Zyklonen, wie dies z. B. im westlichen äquatorialen Teile des Indischen Ozeans der Fall ist.

Die Luftströmungen in den unteren Schichten der Atmosphäre werden von den Nachbarkontinenten Australien und Asien beherrscht, jener auf der südlichen,

---

[1]) Cf. Kon. Magn. en Meter. Observatorium te Batavia. Verhandelingen 1, 1911,

Mittlere Windgeschwindigkeit um 8 h. a. m. in m. p. Sek.

Höhe in Kilometer	Dezember Januar Februar	März April	Mai Juni	Juli August September	Oktober November	Mittel der 5 Gruppen
0,1	3,3	3,1	2,7	2,6	3,1	3,0
0,5	5,9	3,5	4,2	4,4	4,6	4,5
1	6,1	4,1	4,3	5,9	5,3	5,1
1,5	5,8	4,6	4,4	6,3	5,9	5,4
2	6,6	4,6	4,5	6,4	5,9	5,6
2,5	6,8	4,6	4,3	5,7	5,4	5,4
3	6,2	5,5	4,3	5,3	5,5	5,4
3,5	6,3	5,6	4,3	4,9	5,2	5,3
4	5,3	5,8	5,5	5,1	5,1	5,4
4,5	5,3	5,2	6,1	5,1	5,8	5,5
5	4,9	6,0	6,0	5,5	5,2	5,5
5,5	4,8	4,8	6,2	5,6	4,8	5,2
6,25	4,7	5,1	6,1	6,6	5,3	5,6
7,25	4,2	5,8	6,5	8,1	5,5	6,0
8,25	5,2	6,5	7,1	9,5	5,8	6,8
9,25	5,6	5,3	7,0	9,9	6,0	6,8
10,5	6,2	5,0	6,6	12,1	6,9	7,4
12	8,9	7,5	6,5	14,6	7,1	8,9
13,5	16,0	10,4	8,1	16,8	10,2	12,3
15	16,4	10,8	7,2	14,1	11,9	12,1
17	12,2	6,4	7,2	10,4	9,0	8,3
18,25	—	—	—	9,2	—	—
19,25	6,5	—	—	12,8	—	—
20,25	—	—	—	16,0	—	—
21,25	5,7	—	—	15,3	—	—
22,25	—	—	—	14,7	—	—
23,25	—	—	—	10,8	—	—
24,25	—	—	—	6,9	—	—

dieser auf der nördlichen Hemisphäre liegend; besonders Australien spielt hierbei eine große Rolle, da dessen Wüsten im südlichen Sommer stark überhitzt werden, sich dagegen im Winter bedeutend abkühlen.

Das erwärmte Australien saugt den über das Chinesische Meer äquatorwärts wehenden Nordostpassat über den Äquator hin zu sich heran, wobei die ursprünglich nordöstliche Luftströmung allmählich in eine nordwestliche übergeht. Die bereits während ihrer langen Reise über südliche Meere erwärmte und wasserdampfreiche Luft bringt als Nordwestmonsun dem südlichen Archipel ergiebigen Regen; dagegen wird die Luft, wenn sie im südlichen Winter aus dem kalten und trockenen Australien weht, bei ihrer Annäherung erst erwärmt und bedingt im Archipel die Trockenzeit.

In seiner oben erwähnten Arbeit „Wind and weather, currents, tides and tidal streams in the East Indian Archipelago", Batavia 1897, hat van der Stok Monatskarten für die Verteilung der in den verschiedenen Meeresgegenden des Archipels vorherrschenden Winde herausgegeben. Aus diesen Karten ersieht man, wie der NE-Passat am Äquator nördliche Richtung annimmt und weiter südlich zum NW- und Westwinde wird, während umgekehrt der Ostmonsun den Gleicher als Südwind überschreitet. Der Ostmonsun unterscheidet sich nur wenig von dem reinen SE-Passat und wird deshalb im folgenden zwecks besserer Unterscheidung vom Westmonsun unter dem Namen Passat angeführt werden. Wenn auch diese Monsune in regelmäßiger Weise auftreten, so war doch aus den Flugbahnen der an verschiedenen Tagen beobachteten Pilotballone ersichtlich, daß von Tag zu Tag die Windrichtungen mehr oder weniger veränderlich sind. Es war deshalb bei der Zusammenstellung der Ergebnisse jener Aufstiege durchaus notwendig, neben einer Methode, die sich für regelmäßige Winde eignete, noch eine andere zu befolgen, die sich besser veränderlichen Zuständen anpaßt.

Wenn die interdiurnen Änderungen der Windrichtung und -geschwindigkeit klein sind, so lassen sich durch einfache Vektoraddition mittlere Windvektoren ableiten, die wirklich den Hauptcharakter der Luftströmung nach Richtung und Geschwindigkeit wiedergeben. Diese Vektoren können resultierende Windvektoren genannt werden. Werden dagegen die interdiurnen Änderungen beträchtlich größer, so verlieren diese Vektoren allmählich an Bedeutung und liefern nicht einmal ein Maß für diese Veränderlichkeit, die nichtsdestoweniger großen Wert für die Charakterisierung der Windverhältnisse besitzt. Es war also erforderlich, die beobachteten Windvektoren auf solche Weise zusammenstellen, daß eine Übersicht sowohl der Hauptzüge als auch der Veränderlichkeit erlangt wurde.

Nach verschiedenen Versuchen entschloß ich mich zu folgender Methode.

Für jede Höhenstufe wurden alle beobachteten Geschwindigkeiten mit den Richtungen N bis N9° O, N10° E bis N19° E usw. addiert und die verschiedenen Summen durch die Anzahl aller in jener Höhenstufe beobachteten Fälle dividiert; also:

$$S_{h\alpha} = \frac{\Sigma V_{h\alpha}}{n_h}$$

$S_{h\alpha}$ ist folglich für die Höhenstufe h und die Richtung α die mittlere Geschwindigkeit, multipliziert mit der Wahrscheinlichkeit des Vorkommens von Wind aus der Richtung α.

Diese Größe ist also eine Geschwindigkeit, die mit einer gewissen Richtung im Zusammenhang steht und deshalb mit Fug und Recht Richtungsgeschwindigkeit genannt werden kann, und da die Geschwindigkeit außerdem proportional zur Wahrscheinlichkeit ihres Vorkommens genommen ist, nannte ich sie:

Relative Richtungsgeschwindigkeit.

Die zahlenmäßigen Ergebnisse für diese Größe eigneten sich ausgezeichnet für eine bildliche Darstellung mittels Isoplethendiagrammen, da aus ihnen unmittelbar die Hauptluftströmungen in ihrer vertikalen Ausdehnung und ihrem Stetigkeitsmaß betreffs der Richtung zu erkennen sind.

Die Kenntnis dieser Hauptströmungen würde nicht vollständig sein, wenn nicht auch der Luftmassetransport beachtet worden wäre; denn auf diese Luftversetzung kommt es schließlich bei vielen Fragen, welche die allgemeine atmosphärische Zirkulation betreffen, hauptsächlich an. Man findet für sie leicht ein Maß, wenn man die Geschwindigkeit für jedes Niveau mit der Luftdichte in jener Höhe multipliziert. In diesem Falle war es aber nur möglich, die mittleren Geschwindigkeiten mit den mittleren Dichten für jedes Niveau zu multiplizieren, denn für die meisten Aufstiege fehlten gleichzeitige Temperaturbeobachtungen. Die Berechnung der Werte für die Luftdichte mußte also mittels der mittleren Temperaturen der Atmosphäre ausgeführt werden; ich habe aber dabei die Differenz, die zwischen den Temperaturen der Regen- und Trockenzeit auftritt, als von zu wenig Einfluß außer Rechnung gelassen. Die mit der Luftdichte multiplizierten Werte, wobei die Dichte für einen Luftdruck von 760 mm und für eine Temperatur von 0^0 C reduziert war, nannte ich „reduzierte resultierende Windvektoren" und „reduzierte relative Richtungsgeschwindigkeiten".

Trotzdem das Material der Windbeobachtungen relativ sehr reichhaltig ist, denn es liegen jetzt (1. Dezember 1912) die Daten von 469 Aufstiegen vor, so reichte es doch noch nicht aus, insbesondere nicht für die höheren Niveaus, um für jeden der zwölf Monate eine Zusammenstellung durchzuführen, so daß ich mich genötigt sah, mich auf die Jahreszeiten zu beschränken. Die Einteilung des Jahres nach Jahreszeiten war natürlich so zu wählen, daß hierbei auf die Windverhältnisse soviel wie möglich Rücksicht genommen wurde. Ich entschloß mich darum, dem Wechsel der Monsune zu folgen, und machte folgende Einteilung:

Oktober—November . . . . „Monsunkentern" (Übergangszeit),
Dezember-Januar—Februar . . . . . Westmonsun,
März—April . . . . „Monsunkentern" (Übergangszeit),
Mai—Juni
Juli—August—September } . . . . . Ostmonsun.

Die letzte Jahreszeit habe ich, da sie gegenüber den anderen zu lang ist, in zwei Teile getrennt.

Wie überall auf der Erde schwanken die zeitlichen Grenzen der natürlichen Jahreszeiten von Jahr zu Jahr hin und her. Dieser Umstand wird aber hauptsächlich während der Übergangszeiten zur Geltung kommen, während für die oben gewählten Monate des West- und Ostmonsuns diese fast immer ihre volle Herrschaft ausüben.

Da die Winde während der Übergangszeiten nur schwach wehen und oft ihre Richtung wechseln, so werden in den Zusammenstellungen für diese Jahreszeiten hauptsächlich die Daten der beiden Monsune, sei es auch in stark abgeschwächtem Maße, wiedergefunden werden.

Es folgen nun in umstehender Tabelle die Zahlen für Richtung und Größe der resultierenden Windvektoren, teils, das heißt für die Monatsgruppen Oktober—November, Dezember—Februar und Juli—September, nach dem ganzen bis jetzt erworbenen Material, teils allein nach den Beobachtungen der Jahre 1909 und 1910 berechnet.

Da die Anzahl der Beobachtungen für die höheren Stufen nicht ausreichte, um für jede 500 m-Stufe Mittelwerte zu bilden, so wurden von 6000 m an zwei

Relative Richtungsgeschwindigkeit.

oder mehr Stufen zusammengefaßt. Am besten wäre es dabei gewesen, für jeden Aufstieg erst die Windvektoren der zwei oder mehr Stufen zu addieren und durch die Stufenzahl dividiert in die weitere Rechnung hineinzubringen; jedoch der kleine Vorteil hätte bei weitem nicht die große Vermehrung der Rechenarbeit gelohnt.

Die Stufen, welche zusammengefügt wurden, sind neuerdings bei der Berechnung der Vektoren für die Jahresabschnitte Dezember—Februar und Juli—September anders gewählt worden; dem ist aber in untenstehender Tabelle soviel wie tunlich Rechnung getragen worden.

Da weitaus die meisten Aufstiege um die Zeit von 7 bis 8 Uhr morgens stattfanden, so gilt die Tabelle für diese Tageszeit. Es sind darum auch die mittäglichen

Resultierender Windvektor 7—8 h a. m. Richtung und Geschwindigkeit in Meter per Sekunde.

Höhe in km		Oktober November	Dezember Januar Februar	März April	Mai Juni	Juli August September	
			Westmonsun		Ostmonsun (Passat)		
½		W 84° S 1,5	W 22° S 3,8	W 54° S 1,6	E 23° S 3,0	E 14° S 3,6	
1		E 64 S 1,2	W 8 S 4,3	W 58 S 1,8	E 11 S 2,6	E 8 S 5,0	Landbrise
1½	Landbrise	E 28 S 1,8	W 5 S 4,1	W 19 S 1,9	E 8 S 2,2	E 3 S 5,1	
2	Zurückkehrende Landbrise	E 3 N 2,1	W 8 S 4,2	W 5 N 2,0	E 8 S 1,8	E 2 N 4,8	Zurückkehrende Landbrise
2½		E 1 N 1,6	W 10 S 3,8	W 7 S 1,5	E 2 S 2,0	E 8 N 4,1	
3		E 21 S 1,3	W 17 S 3,3	W 2 N 2,5	E 7 S 2,2	E 3 N 3,4	
3½		E 12 S 2,1	W 20 S 3,0	W 3 N 2,7	E 2 N 2,2	E 1 S 2,8	
4	Passat	E 5 S 2,2	W 20 S 2,2	W 12 N 3,1	E 7 N 2,8	E 5 N 3,2	
4½		E 12 S 2,1	W 31 S 1,5	W 5 N 2,0	E 7 N 3,8	E 9 N 3,3	
5		E 8 S 1,6	W 41 S 1,3	W 17 S 2,6	E 5 N 4,0	E 18 N 3,5	
5½		E 12 S 1,6	E 90 S 0,6	W 26 S 1,3	E 7 N 4,7	E 21 N 4,1	
6¼		E 2 N 2,3	E 84 S 0,7	W 70 S 0,7	E 3 N 4,6	E 10 N 6,4	
7¼		E 11 N 2,3	E 65 S 1,9	E 16 S 0,8	E 5 N 5,0	E 5 N 7,9	
8¼		E 3 N 2,0	E 13 S 3,4	E 16 S 3,4	E 1 S 5,3	E 5 N 8,4	
9¼		E 21 N 2,2	E 9 S 3,1	E 19 S 1,8	E 0 S 5,4	E 11 N 9,2	
10¼		E 31 N 2,6	E 6 N 3,7	E 12 S 1,9	E 18 N 4,5	E 14 N 10,9	
11¼	Antipassat	—	—	—	—	E 19 N 12,7	Antipassat
12¼		E 27 N 3,3	E 4 N 4,8	E 3 N 5,2	E 39 N 4,7	E 24 N 16,2	
13¼		E 13 N 7,5	E 14 N 9,8	E 4 N 6,5	E 23 N 5,7	E 25 N 18,6	
14¼		—	—	—	—	E 19 N 18,3	
15¼		E 13 N 10,7	E 27 N 12,2	E 20 N 5,0	E 18 N 5,8	E 18 N 15,5	
16¼		—	—	—	—	E 12 N 8,7	
17¼		E 29 N 16,8	E 5 N 8,2	E 19 N 0,9	E 6 N 4,0	E 40 S 3,5	Oberpassat
18¼		—	E 8 S 3,3	—	—	W 23 S 3,1	
19¼		—	—	—	—	W 1 S 7,6	
20¼	Oberpassat	—		—	—	W 10 S 5,6	Hohe W-Winde
21¼		—	E 29 S 1,9	—	—	W 30 N 3,4	
22¼		—		—	—	W 13 N 7,5	
23¼		—		—	—	W 16 S 9,9	
24¼		—		—	—	E 67 S 4,2	

28 Ergebnisse.

und abendlichen Aufstiege nicht mitberechnet worden, wenigstens für die Werte unterhalb einer Höhe von 5000 m, wo eine beträchtliche tägliche Schwankung auftreten kann.

Reduzierte resultierende Windgeschwindigkeit in Meter per Sekunde, 7—8 h a. m.

Höhe in Kilometer	Oktober November	Dezember Januar Februar	März April	Mai Juni	Juli August September	Reduktionsfaktor
½	1,3	3,3	1,4	2,6	3,1	0,87
1	1,0	3,6	1,5	2,2	3,9	0,83
1½	1,4	3,2	1,5	1,7	3,6	0,79
2	1,6	3,1	1,5	1,4	3,2	0,75
2½	1,1	2,7	1,1	1,4	2,5	0,71
3	0,9	2,2	1,7	1,5	2,0	0,67
3½	1,3	1,9	1,7	1,4	2,2	0,64
4	1,3	1,4	1,9	1,7	2,4	0,61
4½	1,2	0,9	1,2	2,2	2,4	0,58
5	0,9	0,7	1,4	2,2	2,3	0,55
5½	0,8	0,3	0,7	2,5	2,6	0,53
6¼	1,1	0,3	0,3	2,2	3,1	0,48
7¼	1,0	0,8	0,3	2,1	3,4	0,43
8¼	0,8	1,3	0,9	2,1	3,3	0,39
9¼	0,8	1,1	0,6	1,9	3,3	0,36
10¼	0,8	1,2	0,6	1,4	3,5	0,32
11¼	—	—	—	—	3,7	0,29
12¼	0,9	1,3	1,4	1,2	4,0	0,25
13¼	1,7	2,2	1,4	1,3	4,1	0,22
14¼	—	—	—	—	3,7	0,20
15¼	1,9	2,2	0,9	1,0	2,8	0,18
16¼	—	—	—	—	1,4	0,16
17¼	2,2	1,1	0,1	0,6	0,5	0,14
18¼	—	0,4	—	—	0,4	0,12
19¼	—	—	—	—	0,8	0,10
20¼	—	—	—	—	0,4	0,08
21¼	—	0,2	—	—	0,2	0,06
22¼	—	—	—	—	0,4	0,05
23¼	—	—	—	—	0,4	0,04
24¼	—	—	—	—	0,2	0,04

In beiden obigen Tabellen sind die Hauptluftströmungen durch Umrahmungen hervorgehoben und ihre Bennennungen am Rande eingeschrieben worden; es läßt sich jedoch eine bessere Beschreibung geben, wenn gleichzeitig die Isoplethendiagramme der reduzierten und unreduzierten relativen Richtungsgeschwindigkeiten in Betracht gezogen werden. In Figur 11 sind nur diejenigen für die Jahresabschnitte mit ausgesprochenen Monsunen wiedergegeben, also für die Monatsgruppen Dezember—Februar und Juli—September, da in diesen Diagrammen die Hauptströmungen sich bildlich scharf hervorheben, während diejenigen für die anderen Monatsgruppen den Übergang durch Verflachung, Erweiterung und Mischung dieser Bilder anzeigen.

Relative Richtungsgeschwindigkeit.

Dezember—Februar.   Juli—September.

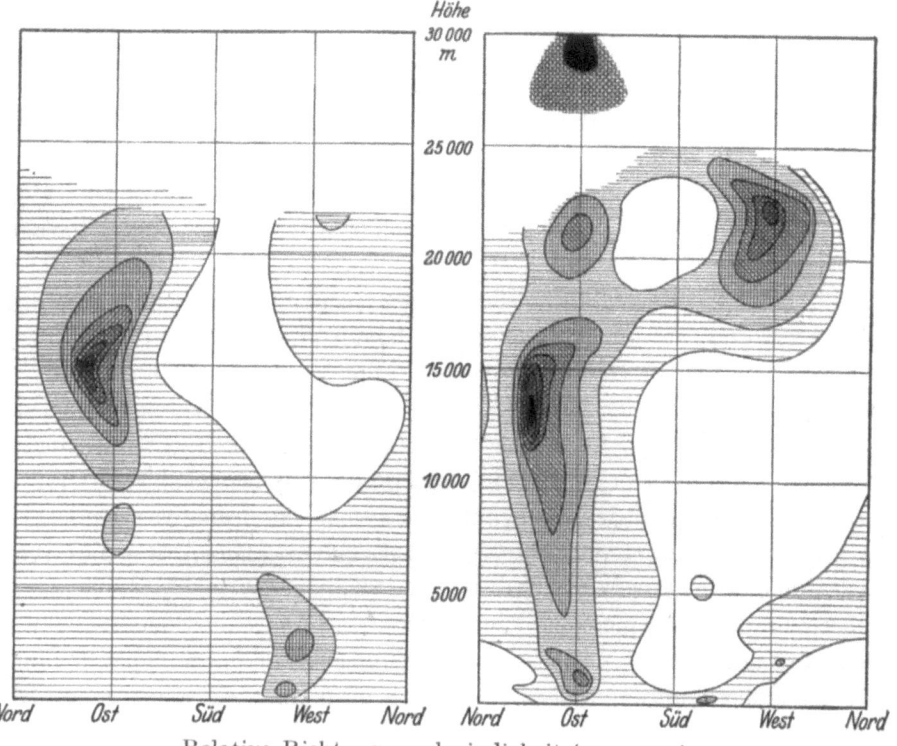

Relative Richtungsgeschwindigkeit (m. p. sec.).

Dezember—Februar.   Juli—September.

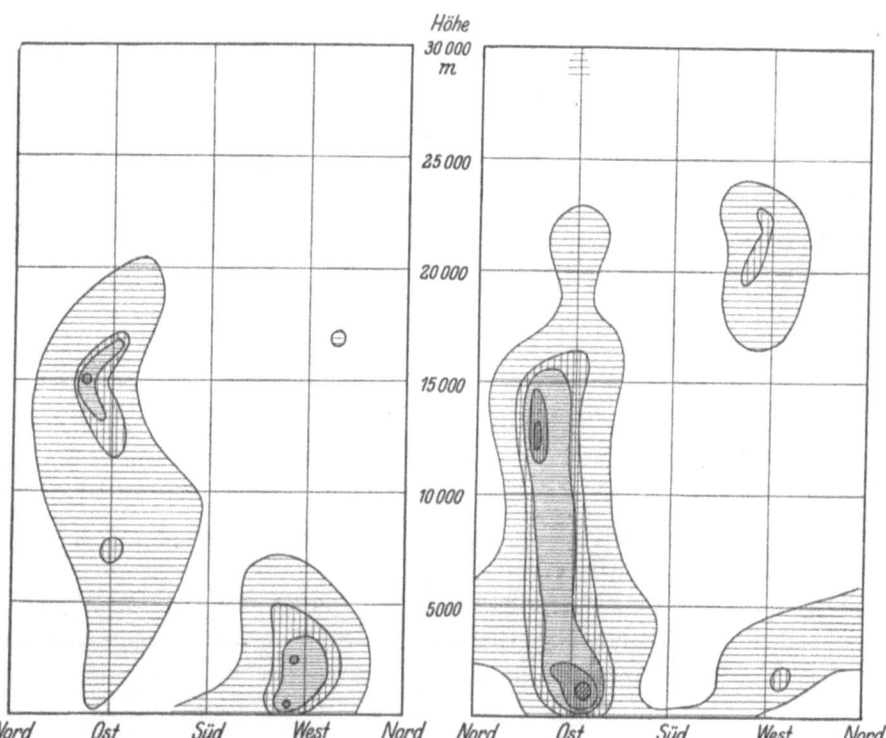

Reduzierte relative Richtungsgeschwindigkeit (m. p. sec.).

Fig. 11. Verteilung der Hauptluftströmungen über Batavia.

Das einfachste Bild ergibt sich in den Monaten Juli bis September, also im südlichen Winter, wenigstens was den untersten Teil der Atmosphäre bis ca. 15 km Höhe anbelangt; denn hier herrschen während dieser Jahreszeit fast ausschließlich die östlichen Winde vor. Für die unteren Regionen haben sie eine südliche Komponente und sind als Südostpassat zu betrachten; für die oberen Schichten jedoch dreht sich die Richtung allmählich nach Norden, und die Luft strömt deshalb vom Äquator weg.

Im Passat tritt ganz unten die Landbrise und weiter oben bis 3000 m die zurückkehrende Seebrise auf. Diese Brisen sollen in einem folgenden Paragraphen näher betrachtet werden.

Im südlichen Winter verdrängt der Westmonsun den Passat und weht in Höhen bis zu 5000 und 6000 m mit einer Geschwindigkeit, die jener der Passate nur wenig nachsteht. Die mittlere Höhe des Westmonsuns war schon früher aus den Beobachtungen von Vulkanrauch bekannt. So wußte man, daß die regelmäßig von dem 3600 m hohen Smeroe in Ostjava ausgestoßenen Rauchwolken, die mit enormer Geschwindigkeit bis ca. 6000 m aufwirbeln, auch im Westmonsun nach Westen abtreiben.

Die Pilotballonaufstiege haben uns aber gelehrt, daß die Westwinde bisweilen bis zu größeren Höhen, 10 000, 11 000 und 12 000 m, reichen, wie dies auch vom Isoplethendiagramm angezeigt wird.

Oberhalb des Westmonsuns treten bis zu durchschnittlich 10 000 m Höhe südöstliche Winde auf; es macht also den Eindruck, als ob der Passat vom Westmonsun nach oben verdrängt wäre. Nur ist es auffallend, daß auch in den Monaten Juli—September die nördlichen Komponenten des Antipassats in diesen Höhen stark abnehmen. So dreht die Richtung des resultierenden Windvektors von E 21° N in 5500 m bis E 5° N in 7000—8000 m Höhe, um weiter oben wieder nach NE zurückzudrehen und bei 13 000 m mit E 25° N die größte Abweichung von Osten zu erlangen

Oberhalb 10 000—11 000 m weht das ganze Jahr hindurch der Antipassat, nur schwächt er während der Übergangszeiten stark ab. Am kräftigsten tritt er in den Monaten Juli—September auf, wenn die Sonne weit nördlich von Batavia steht; dagegen weht er in den Monaten des südlichen Sommers, wenn die Sonne südlich von Batavia steht, mit geringerer Geschwindigkeit (12,2 gegen 18,6 m/sec.), wobei die größte Geschwindigkeit in kleineren Höhen erreicht wird. Ebenfalls ist es auffallend, daß die größten Geschwindigkeiten bei solchen Richtungen vorkommen, die am meisten von der Ostrichtung abweichen; von Juli—September fällt die maximale Geschwindigkeit von 18,6 m/sec. in 13 250 m Höhe zusammen mit der maximalen Abweichung E 25° N, und von Dezember—Februar findet sich dies bei 15 250 m Höhe für die Richtung E 27° N und die Geschwindigkeit 12,2 m/sec.

Das Isoplethendiagramm der relativen Richtungsgeschwindigkeiten zeigt in sehr anschaulicher Weise den Antipassat als eine absonderliche Luftströmung mit einem Maximum und läßt auch das Zusammenfallen dieses Maximums mit der größten Abweichung von der Ostrichtung deutlich sehen.

Die gedrängte Lage der Isoplethen spricht dafür, daß der Passat mit großer Regelmäßigkeit und beständiger Richtung auftritt, wie dies denn auch fast bei jedem hohen Aufstiege beobachtet wurde.

Jede Höhenschwankung des Antipassatkernes wird offenbar auch von den Cirren mitgemacht; denn für ihre mittlere Höhe wurde in den Monaten Oktober 1896 bis April 1897 12 000 m gefunden, dagegen in der folgenden Jahreszeit (April—September) nur 10 800 m.

Die Richtung des Windes ist in letzterer Höhe nach obiger Tabelle für den resultierenden Windvektor E 16⁰ N und für die andere Jahreszeit bei 12 000 m E 4⁰ N, zeigt also eine kleinere Abweichung nach Norden. Hiermit stimmen auch die mittleren Richtungen des Cirruszuges (Ci und Ci-St) überein, wie sie aus den während der Jahre 1907—1911 in Batavia angestellten Beobachtungen folgen, nämlich:

Oktober—November . . . . E 22⁰ N
Dezember—Februar . . . . E 1⁰ N
März—April . . . . E 16⁰ N
Mai—Juni . . . . E 28⁰ N
Juli—September . . . . E 25⁰ N

Nördlich vom Äquator treten, wie die Beobachtungen des Cirruszuges in Manila anzeigen, südliche Windkomponenten auf. Es muß also eine Luftquelle da sein, um die Antipassate zu speisen, und diese Quelle finden wir bekanntlich in der aufsteigenden Luft.

Betrachten wir nun aber das Isoplethendiagramm der reduzierten relativen Richtungsgeschwindigkeiten, so fällt es auf, daß zwar die maximalen Luftversetzungen für die mittleren Richtungen der unteren und oberen Luftströmungen wenig voneinander verschieden sind, daß aber die ganze Masse der vom Äquator abwärts fließenden Luft während der Monate Juli—September oben größer ist als unten, dagegen in den Monaten Dezember—Februar sich oben wie unten ziemlich gleichbleibt.

Dies ließe sich folgendermaßen erklären. Im südlichen Winter liegt der thermische Äquator, folglich auch die ergiebigste Quelle für die aufsteigende Luft, weit nördlich von Batavia; dagegen ist die Lage dieses Äquators im südlichen Sommer nicht weit von unserem Beobachtungsort entfernt. Das Quellenareal, welches nördlich von Batavia liegt, muß also auch viel kleiner sein, ebenso das Übermaß der obigen äquatorabwärts fließenden Luftmasse.

Versiegt die Quelle aufsteigender Luft ganz, so hört auch die causa movens der Antipassate zu bestehen auf; die Antipassate müssen also bei zunehmender Höhe zu gleicher Zeit mit dem Erreichen der oberen Grenze der Troposphäre ein Ende finden, ist doch gerade die Troposphäre nach den Angaben des Urhebers dieses Wortes, Teisserenc de Bort, jener Teil der Atmosphäre, wo auf- und absteigende Luftströmungen stattfinden.

Diese obere Grenze der Troposphäre wird sehr scharf von den Temperaturen angegeben, da in dieser Sphäre die Temperatur von unten nach oben zu sinkt, bei der oberen Grenze jedoch diese Abnahme aufhört und Isothermie eintritt. Den oberen Teil der Atmosphäre, wo keine vertikalen Luftströmungen auftreten, und der eine blättrige Struktur hat, nannte Teisserenc de Bort die Stratosphäre.

Wir müssen deshalb erwarten, daß auch der Antipassat bei jener oberen Grenze aufhört. Tatsächlich stimmt das auch mit den Beobachtungen ziemlich gut überein, fand ich doch für die verschiedenen Höhen folgende Werte, die leider für die Temperaturgrenze noch unsicher sind:

	Höhe, in der die Isothermie anfängt	Obere Grenze des Antipassates
Oktober—März	ca. 16 700 m	ca. 17 500 m
April—September	„ 15 900 „	„ 16 500 „

Wir haben aber als Quelle nur an die aufsteigende Luft gedacht; es ist aber möglich, daß auch sinkende Luft die Antipassate speist, und daß die Luftbewegung eine so schwache vertikale Komponente hat, daß der Einfluß auf die Temperierung der Stratosphäre nur klein ist.

Es ist aber auch außerordentlich wahrscheinlich, daß oberhalb des Antipassats die Luft dem Äquator wieder näher tritt und dabei abwärts fließt.

Berechnen wir mittels der mittleren Temperaturen in den verschiedenen Höhen die Lage der isobarischen Flächen, so finden wir, daß sie sich in Höhen oberhalb ca. 17 000 m wieder nach dem Äquator hin senken. Es wird dies durch den Umstand bedingt, daß die Temperatur am Äquator in Höhen, wo nördlich und südlich davon bereits Isothermie eingetreten ist, noch weiter sinkt und die Isothermie erst weiter oben bei noch größerer Kälte erreicht wird. Es muß sich also oberhalb des Antipassats wieder eine äquatorwärts gerichtete Luftströmung zeigen; und wirklich haben die Beobachtungen bewiesen, daß in diesen Höhen südöstliche Winde auftreten.

Die verschiedene Temperierung der Atmosphäre in den zwei Jahreszeiten, die unten näher besprochen werden wird, bedingt nun aber eine gleichartige Neigung der isobarischen Fläche, die in der Regenzeit verstärkend, in der Trockenzeit jedoch abschwächend wirkt. Tatsächlich zeigten sich diese südöstlichen Winde in den Monaten Juli—September nur schwach, und zwar fast nur zwischen 16 000 und 15 000 m, dagegen in Dezember—Februar in stärkerem Maße und bis zu größeren Höhen.

Damit in Übereinstimmung ergibt die Tabelle der resultierenden Windvektoren für den Jahresabschnitt Juli—September bei einer Höhe von 17 250 m die Richtung E 40° S und die Geschwindigkeit 3,5 m/sec.; auch die Isoplethen der relativen Richtungsgeschwindigkeit weichen in diesen Höhen stark nach Süden ab.

Analog mit den unten gleichfalls äquatorwärts wehenden Passaten nannte ich diese hohe Luftströmung den Oberpassat, dabei die Hoffnung hegend, daß ein geeigneter Name förderlich für das Anstellen weiterer Beobachtungen und das Aufstellen von Erklärungen sein könnte. Denn bis jetzt sind es nur die relativ wenigen in Zentralafrika und Batavia angestellten Beobachtungen, die vom Bestehen derartiger Winde Kundschaft gegeben haben, während es doch für eine einwandfreie Erklärung unbedingt nötig ist, auch über Beobachtungen aus anderen äquatornahen Erdteilen verfügen zu können.

Es ist möglich und meiner Meinung nach nicht unwahrscheinlich, daß über Java dieser Oberpassat von lokalen Einflüssen gestört wird, wenigstens im südlichen Winter.

Albert Peppler[1]) hat im Jahre 1911 aus den Temperaturergebnissen der aerologischen Expedition im Atlantik als erster den Druck für Tropen, Subtropen und Extropen bis zu großen Höhen berechnet und gefunden, daß das Druckgefälle zwischen Tropen und Subtropen im Sommer auf der nördlichen Hemisphäre bei 12 000 m seinen Höchstwert erreicht, bei weiterer Höhe kleiner wird und bei 25 000 m das Vorzeichen wechselt. Erst oberhalb dieses Niveaus wäre dann der Oberpassat zu finden.

Tatsächlich habe ich in Batavia während der korrespondierenden Jahreszeit, also während des südlichen Winters, beobachtet, daß oberhalb 24 000 m die Winde, welche von 18 000 m an als Westwinde auftraten, wieder östlich wurden, aber sowohl süd- als auch nordöstliche Richtung hatten.

Das Auftreten westlicher Winde in so großen Höhen wurde zuerst von Berson in Zentralafrika und nachher auch von mir in Batavia beobachtet. Die Aufstiege des letzten Jahres haben sogar gezeigt, daß sie im südlichen Winter mit großer Beständigkeit wehen, wie das auch aus dem Isoplethendiagramm für die Monate Juli—September hervorgeht, da die Isoplethen in 22 000 m Höhe ziemlich gedrängt einen Focus umkreisen. Die Tabelle der resultierenden Windvektoren zeigt in Übereinstimmung damit Richtungen zwischen W 30° N und W 23° S und Geschwindigkeiten von 3,1 m bis 9,9 m/sec.

In den Monaten Dezember—Februar sind diese westlichen Winde viel seltener von mir aufgefunden worden, wie aus dem betreffenden Isoplethendiagramm recht deutlich zu ersehen ist; aber die Beobachtungen sind spärlicher als während der anderen Jahreszeit und reichen nicht so hoch.

Für einen etwaigen Erklärungsversuch fehlt es also noch an der erforderlichen Kenntnis der Tatsachen, und es kann deshalb nur bei Vermutungen bleiben.

Durchaus sicher ist es aber, daß der Antipassat durch die von der Erdrotation bedingte Ablenkung schon in niedrigen Breiten westliche Richtung annimmt, und daß auch in außertropischen Gebieten eine allgemeine westliche Luftströmung vorherrscht. Nicht unmöglich ist es nun, daß die nahe dem Äquator beobachteten hohen Westwinde mit diesen beiden großen um die Erdpole kreisenden Wirbeln in Zusammenhang stehen.

Bei zwei hohen Pilotaufstiegen im April 1912 ließ sich feststellen, daß die Westwinde selbst noch höher als bis 25 000 resp. 27 000 m reichten; aber bei vier Aufstiegen wurde die obere Grenze gefunden, einmal im Januar bei ca. 23 000 m und dreimal im September bei ca. 24 000 m.

Oberhalb dieser Höhen zeigten sich wieder nordöstliche bis südöstliche Winde, die bei wachsender Höhe an Geschwindigkeit zunahmen. Bei dem höchsten Aufstieg, welcher bis 30 800 m reichte, traf ich von 28 500 m an bis zur Zerplatzhöhe starke Winde von 20—40 m/sec. Geschwindigkeit und nahezu östlicher Richtung.

Es war dieser Wind wohl derselbe, welcher im Jahre 1883 in so unerwarteter Weise seine Anwesenheit kundgab, als nämlich die mit enormer Geschwindigkeit aus dem Schlunde des Krakatau emporgeschleuderte Asche die Erde einige Male

---

[1]) Temperatur- und Druckgefälle in großen Höhen. Beiträge zur Physik der freien Atmosphäre 4, S. 13.

umkreiste. Aus den optischen Erscheinungen wurde damals mit Gewißheit nachgewiesen, daß diese Umkreisung mit einer konstanten Geschwindigkeit von 34 m/sec. in einer Höhe von ca. 30 000 m erfolgt ist. Weiter kann man aus der Tatsache, daß die ganze Erde umkreist wurde, und zwar sogar öfter hintereinander, schließen, daß dieser Wind stetig dasein muß, wenigstens um jene Jahreszeit, und daß also bei meiner Beobachtung am 12. September dieselbe Luftströmung angetroffen sein muß.

Ich möchte sie darum den **Krakatau-Wind** nennen, obwohl es sich schließlich herausstellen dürfte, daß sie von den Oberpassaten herrührt.

Das bei dem hier erörterten Aufstiege vom 12. September beobachtete Windsystem will ich besonders mitteilen, nicht allein, weil es bis jetzt meinem Wissen nach bezüglich seiner Höhe einzig dasteht, sondern auch, weil es ein so treffendes Beispiel ist für die Art und Weise, in welcher sich die verschiedenen Luftströmungen übereinander lagern.

Winde beobachtet am 12. September 1912.

Höhe in km	Richtung	Geschwindigkeit m. p. Sek.	Namen der Luftströmung	Höhe in km	Richtung	Geschwindigkeit m. p. Sek.	Namen der Luftströmung
0,2	S	5	Landbrise	17,5	E 42° S	7	Oberpassat
0,5	E 15° S	3	Passat	18	S 8 W	1	
2,5	E 15 S	6		19	W 17 S	10	Hohe Westwinde
3	E 4 N	7		20	W 12 S	12	
4	E 13 N	6		21	W 13 N	11	
5	E 15 N	6		22	W 30 N	16	
6	E 20 S	9		23	W 7 S	12	
7	E	7		24	S 9 E	8	
8	E 42 N	12	Antipassat	25	N 9 E	5	Oberpassat
9	E 25 N	17		26	E 20 N	7	
10	E 8 N	11		27	E 43 N	9	
11	E 18 N	14		27,5	E 28 N	9	
12	E 57 N	13		28	E 2 S	11	
13	E 47 N	16		28,5	E	22	
14	E 28 N	23		29	E 21 S	19	
15	E 21 N	19		29,5	E 6 N	40	Krakatau-Wind.
16	E 54 N	13		30	E 8 N	33	
17	E 29 N	9		30,5	E 9 N	34	

Tägliche Schwankung der Windrichtung und Windgeschwindigkeit in verschiedenen Höhen.

Seit langem hatte man aus Windbeobachtungen an Bergstationen und aus Wolkenzugmessungen Kenntnisse gesammelt über die Zunahme der Windgeschwindigkeit mit der Höhe und über die tägliche Schwankung der Geschwindigkeit in verschiedenen Höhen, sowie über die Erscheinung der Land- und Seebrise; aber

Mittlere resultierende Geschwindigkeit des Windes in Meter per Sekunde an drei Tagesterminen in verschiedenen Höhen.

Höhe in Meter	Nördliche Komponente			Östliche Komponente		
	7—8 h a. m	2½—3 h p. m	7—8 h p. m	7—8 h a. m	2½—3 h p. m	7—8 h p. m
20	—0,3	2,1	—0,7	0,1	1,5	0,2
100	—1,9	4,0	0,4	1,5	0,9	2,0
200	—1,1	4,4	3,6	2,9	1,9	3,2
300	—0,7	4,0	2,3	3,5	2,3	4,7
400	—0,6	4,1	2,7	3,7	2,7	4,2
500	—0,1	3,3	2,3	4,0	3,5	4,8
600	—0,4	2,7	2,2	4,8	4,0	4,9
700	—0,4	2,5	0,7	5,4	3,6	4,2
800	—0,7	1,2	0,1	5,8	4,1	4,0
900	—0,5	0,6	—0,5	6,2	3,8	3,3
1000	—1,0	—0,1	—1,0	5,4	4,2	2,8
1100	—0,5	—0,3	—1,0	5,5	4,1	2,5
1200	—0,7	—1,0	—1,4	6,0	4,1	2,8
1300	—0,2	—0,7	—1,8	5,6	4,2	2,6
1400	—0,2	—1,4	—1,8	5,2	3,4	3,0
1500	—0,1	—1,7	—2,0	4,8	3,5	3,1
2000	0,1	—1,4	—2,0	4,3	3,4	4,1
2500	0,1	—0,8	—1,0	4,1	2,9	4,0
3000	0,4	0,2	0,1	3,0	2,2	5,0
3500	0,3	0,2	—1,4	3,7	2,7	5,3
4000	0,5	1,0	—0,9	3,8	3,8	5,9
4500	1,0	0,6	—1,5	4,2	5,5	7,2
5000	0,3	—0,1	—0,9	4,2	6,4	7,1
5500	0,0	—0,2	1,2?	5,6	5,8	6,9?
6000	0,5	2,6	1,0?	6,4	5,5	10,2?
6500	0,5	2,1	2,5?	7,1	6,5	6,8?
7000	0,8	2,2	—	6,8	4,9	—

erst nach der Einführung der Fessel- und Pilotenballone war eine vollständige Untersuchung möglich.

Der Erscheinung der täglichen Schwankung von Windgeschwindigkeit und -richtung in verschiedenen Höhen wird man ungestört nur über ausgedehnten, meerentfernten Ebenen begegnen, dagegen wird man sie im meeresnahen Batavia gemischt mit der Land- und Seebrise vorfinden. Glücklicherweise stehen aber die Richtungen der Hauptluftströmungen, des Ost- und Westmonsuns, fast senkrecht auf denen der Land- und Seebrise, so daß es möglich sein wird, die zwei Erscheinungen zum größten Teile von einander getrennt zu halten.

Selbstverständlich ist die Trockenzeit, während welcher stetige östliche Winde wehen und Land- und Seebrise sich ungestört bilden können, am meisten geeignet für eine derartige Untersuchung. Es wurde zuerst der Plan gefaßt, wiederholt während 24 Stunden eine Reihe von Pilotaufstiegen zu machen; aber es stellte sich schon bei dem ersten Male heraus, daß dieses Verfahren zu beschwerlich sei, so daß vorläufig die Einhaltung von drei Terminen gewählt wurde. Als erster Termin konnte die frühe Morgenstunde (7—8 Uhr a. m.), wenn die Erwärmung des Erdbodens durch die Sonne gerade beginnen will, festgesetzt werden, als zweiter die Zeit von 2½—3 Uhr p. m., wenn der Seewind kräftig weht und die Tagescumuli sich aufzulösen anfangen, so daß die Möglichkeit besteht, den Ballon bis zu größeren Höhen zu verfolgen. Wäre z. B. 1 Uhr p. m. als Terminstunde gewählt worden, so würden die Ballone meist schon bei ca. 1000 m Höhe verloren gegangen sein. Auch kann man um halb drei nachmittags schon besser beurteilen, ob der Himmel sich aufheitern und der Abend auch ungestört bleiben wird. Der letzte Termin war 7—8 Uhr abends, also ca. 12 Stunden nach der Morgenbeobachtung; es war aber nicht immer möglich, die Aufstiege an drei einander folgenden Terminen vorzunehmen.

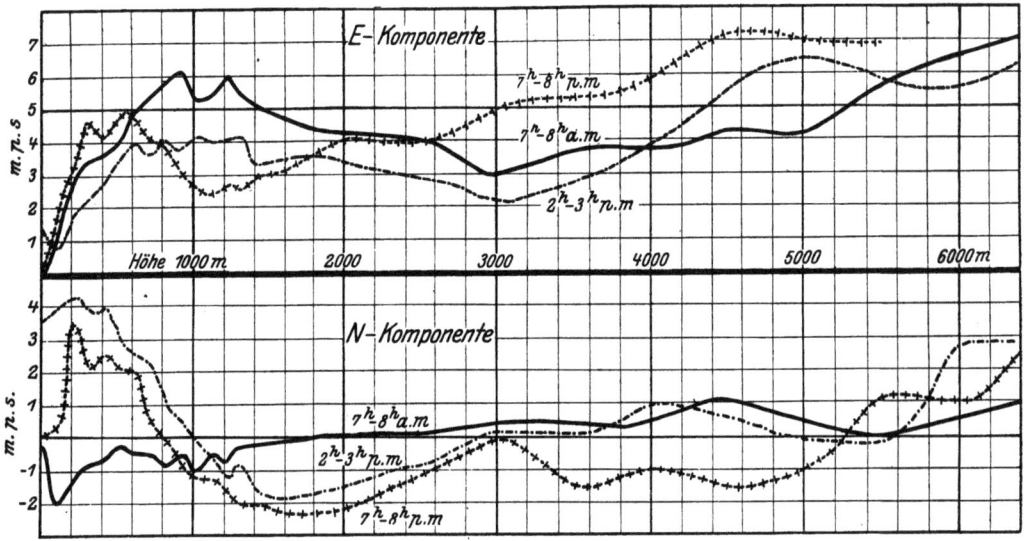

Fig. 12. Komponenten der Windgeschwindigkeit in verschiedenen Höhen.

Zwar haben die verschiedenen Schwierigkeiten, die sich den Aufstiegen und Doppelvisierungen entgegenstellten, die Zahl der in der verflossenen Trockenzeit gelungenen Aufstiege beschränkt, aber die Ergebnisse geben trotzdem ein deutliches Bild vom Verlauf der Erscheinungen, welches am besten beschrieben und erklärt werden kann an Hand der Tabelle auf S. 35 und obiger Kurventafel, in welchen die mittleren Geschwindigkeiten der Ost- und Westkomponenten des Windes in verschiedenen Höhen dargestellt sind.

Wir sehen, wie um 7—8 Uhr a. m., wenn die tägliche Störung, welche die Sonnenstrahlung erregt, noch nicht angefangen hat, die östliche Geschwindigkeit unten durch die Bodenreibung fast aufgehoben ist, jedoch mit zunehmender Höhe rasch ansteigt und bei 900 m schon 6,2 m/sec. erreicht; in einer Höhe von mehr als 3000 m erniedrigt sie sich wieder, um noch weiter oben wieder anzuwachsen, jedoch mit einem schwachen sekundären Minimum in 5000 m Höhe.

Während der nun folgenden Stunden des Morgens und Mittags findet durch die Insolation eine Verklammerung der oberen und unteren Luftschichten mittels auf- und absteigender Luftfäden statt, und hierbei erreicht den Boden nur Luft von oben; die Geschwindigkeit wächst dadurch unten an. In 1000 m Höhe jedoch bringen sowohl aufsteigende wie absteigende Strömungen Luft mit kleinerer Geschwindigkeit an, und die Windgeschwindigkeit wird folglich in dieser Höhe abnehmen. Das Diagramm zeigt, wie der Übergang von Zunahme zu Abnahme schon in ca. 100 m Höhe stattfindet, was wohl von der Bodenreibung herrührt.

Es gibt aber noch eine Ursache, welche bedingt, daß die östlichen Windkomponenten sich mittags verstärken; um diese Zeit treibt nämlich die Seebrise dem Lande Luft zu, welche zuvor über dem Meere nur wenig durch Reibung gebremst war und deshalb größere östliche Geschwindigkeiten hatte und diese mit sich bringt.

Später am Tage verliert die Insolation ihre Kraft, das Spiel der auf- und abgehenden Luftströmungen hört auf, die Bodenreibung bleibt aber; die Geschwindigkeit sinkt folglich abends unten wieder fast auf Null herab. Oben jedoch hat die Wirkung länger angehalten, die Verringerung der Geschwindigkeit, welche sich gegen 2—3 Uhr p. m. zeigte, hat sich jetzt bis zu einem sekundären Minimum verstärkt. Auch höher bei ca. 3000 m hält die Wirkung an, muß aber in diesen Schichten entgegengesetzt auftreten; denn alle Luft, die von oben oder unten herankam, bringt eine größere Geschwindigkeit mit sich. Es zeigt sich demgemäß am Abend in dieser Höhe ein Maximum, wo morgens und mittags ein Minimum gefunden wurde. Möglicherweise wird aber in diesen Höhen das Auf- und Absteigen der Luft nicht durch die Bodenerwärmung verursacht, sondern die Kondensationswärme des Wasserdampfes ist die Causa movens.

Land- und Seebrise.

Wie oben bemerkt wurde, muß das Diagramm der Nord- und Südkomponente des Windes der Hauptursache nach eine Vorstellung des Verhaltens von Land- und Seebrise in verschiedenen Höhen geben. An den Beobachtungstagen war die Bewölkung gering und die Insolation groß; folglich konnten sich Land- und Seebrise, die von der ungleichen Erwärmung und Abkühlung von Land und Meer herrühren, ungestört entwickeln.

Das Diagramm zeigt, wie am Morgentermin die Landbrise weht, und zwar unten infolge der starken Bremsung über dem Lande sehr schwach, in der ersten Höhenstufe — 100 m — aber bereits mit maximaler Geschwindigkeit. Im ganzen ist die Landbrise sehr schwach, denn auch diese maximale Geschwindigkeit beträgt nur 2 m/sec. Am Observatorium, das 7 km vom Meere entfernt liegt, kommt die Seebrise gewöhnlich erst gegen Mittag durch und erreicht zwischen 2 und 3 Uhr nachmittags ihre größte Entwickelung mit einer durchschnittlichen Geschwindigkeit von 3,5 m pro Sekunde. Bis 200 m Höhe wächst diese Geschwindigkeit nur um 1 m/sec. an; es ist deshalb klar, daß die Verklammerung der Luftschichten bereits vorher tätig war.

Ganz wie oben für die Ost-West-Komponente gefunden wurde, sinkt am Abend die Geschwindigkeit sehr stark, während sie oben in einigen Hunderten von Metern nur um 1 m/sec. abgenommen hat; es scheint also, daß der Druckgradient sich nur wenig verringert, aber die Verklammerung aufgehört hat, so daß die Bodenreibung ihren Einfluß ungehindert ausüben konnte.

Im Diagramm tritt sehr deutlich zutage, daß sich in ungefähr 1000 m Höhe der Druckgradient umkehrt, denn in größeren Höhen trifft man die zurückkehrende Brise an. Es fällt aber auf, daß die obere landwärts wehende Brise äußerst schwach ist. Doch glaube ich, daß dies nur scheinbar der Fall ist, da sie vermutlich von der südlichen Komponente des Ostmonsuns zum größten Teil aufgehoben wird. Diese Komponente ist zweifellos vorhanden, nur wurde sie bei meiner Diskussion ausgeschaltet.

Auch ersieht man aus dem Diagramm, daß die rückkehrenden Winde sich bis zu 3000 m Höhe ausdehnen.

Wenn man einen Überschlag über die Luftversetzung macht, so kommt man zu merkwürdigen Ergebnissen; denn es stellt sich heraus, daß am Mittag durch eine vertikale Fläche von 1 m Breite und 1000 m Höhe 2600 m³ Luft (von 0° C und 760 mm Druck) landwärts fließen und oben bei 1000—3000 m Höhe durch eine solche Fläche nur 1300 m³ seewärts zurückkehren. Hingegen strömen abends unten bis zu 800 m Höhe 1200 m³ seewärts und oben bis 3000 m Höhe 2100 m³ landwärts. Dies ist nur erklärlich, falls es eine von Land- und Seebrise unabhängige Komponente gibt, welche mittags aus dem Norden und abends aus dem Süden weht. Nun naht aber bei seinem Lauf um die Erde das halbtägliche Barometerminimum am Mittag im Osten und am Abend (auch im Osten) dem ihm folgenden Minimum, so daß es nicht unmöglich ist, daß diese Annäherung von dem Auftreten nordwestlicher resp. südöstlicher Winde begleitet ist.

Am Mittag genügt eine Nordkomponente von nur 0,4 m/sec., um den Transport oben und unten gleich zu machen; und nimmt man, wie im vorigen Paragraphen erwähnt wurde, eine Südkomponente des Ostmonsuns an, so kommt ca. 0,6 m/sec. heraus.

Für den Landwind bleibt zu der Terminstunde 8 a. m. die Unsicherheit infolge seiner Schwäche zu groß, um einen einigermaßen verläßlichen Überschlag zu machen. Auch Hann hat für einige Gipfel im südlichen Vorderindien eine Windkomponente mit einer halbtäglichen Periode gefunden und konnte diese fast mit Gewißheit der zweimal täglich stattfindenden Schwankung des Luftdruckes zuschreiben. Ihre Amplitude fand er zu ca. 0,8 m/sec., also von derselben Ordnung wie die oben angeführte Windkomponente.

Ich muß aber betonen, daß meine Ergebnisse wegen des geringen Beobachtungsmaterials nur vorläufiger Natur sind, und die Folgerungen à plus forte raison diesen Charakter tragen.

An allen Küsten und besonders im Archipel benutzen die Fischer die Land- und Seebrise, indem sie am frühen Morgen mit der Landbrise ins Meer hinaus segeln und mittags mit der Seebrise heimkehren.

Weiland Rambaldo meinte, daß auch der Luftschiffer diesem Beispiele müßte folgen können, und machte zur Probe am 16. Mai 1910 eine merkwürdige Fahrt von Batavia nach der 19 km von der Küste entfernt liegenden kleinen Insel Edam. Man passierte in 520 m Höhe die Küste, und nach anderthalb Stunden tauchte das Schleppseil nahe der Insel ins Meer ein. Da stand der Ballon zuerst völlig bewegungslos, aber die Rippelung des Wassers ließ erkennen, daß näher an der Küste bereits die Seebrise wehte. Dies ist wohl ein Ausnahmefall gewesen, da sich bekanntlich die Seebrise vom Meere zur Küste emporzuarbeiten pflegt. Nach zehn Minuten dehnte sich die Seebrise bis zur Stelle, wo der Ballon schwebte, aus; letzterer fing an landeinwärts zu treiben und passierte nach zwei und dreiviertel Stunden wieder die Küste.

Die Insassen beobachteten, daß sowohl bei der Ausfahrt als auch bei der Heimfahrt der Ballon sorgfältig die vielen kleinen Inseln mied, und dachten an eine Art Abstoßung, die diese Inseln infolge ihrer starken Erwärmung an jenem fast wolkenlosen Tagen ausübten. Dies wäre zu beweisen durch eine Nachtfahrt; denn alsdann müßte eine Anziehung erfolgen. Ob diese aber groß genug sein würde, um die Gefahr einer solchen Nachfahrt zu überwinden, ist sehr unwahrscheinlich. Bei jener Tagesfahrt hatte man sich durch Begleitung von einem Dampfer gegen Eventualitäten gesichert.

Temperatur.

Die Erforschung der Temperaturverhältnisse, welche in den verschiedenen Schichten der Atmosphäre vorherrschen, bewegt sich hauptsächlich in zwei Richtungen. In der ersteren studiert man die unteren Schichten, die von dem täglichen Temperaturwechsel des Erdbodens und der Berge beeinflußt werden, benutzt Drachen und Fesselballone als Forschungsmittel und stützt sich auf die Beobachtungen der Bergstationen. In der anderen Richtung dagegen sucht man die Temperatur und ihre Gradienten derart zu ermitteln, daß sie möglichst frei von Tageseinflüssen bleiben, und läßt zu diesem Zwecke bis zu den größtmöglichen Höhen meistens Registrierballone steigen, welche die aufeinander folgenden Höhenschichten mit Geschwindigkeiten von 5 m/sec. und mehr durcheilen.

In Batavia haben die Registrierballonaufstiege bis zur Mitte des Jahres 1911 durchschnittlich zwei Stunden nach Sonnenaufgang stattgefunden, nachher eine Stunde vor dem Aufgehen der Sonne, also immer um jene Tageszeit, wo sich die Atmosphäre von der durch die Insolation am vorigen Tage ausgeübten Störung wieder erholt hatte.

Nur an einigen wenigen Aufstiegstagen war das Wetter böig, an den weitaus meisten Tagen dagegen ruhig oder sogar heiter.

Bekanntlich entwickelt sich unter solchen Umständen eine Bodeninversion, und eine solche wurde bei fast allen Aufstiegen vor Sonnenaufgang aufgezeichnet. Ihre Größe war durchschnittlich nur ein oder zwei Grad, während ihre vertikale Ausdehnung ca. 500 m nicht überschritt; bei den Aufstiegen nach Sonnenaufgang war sie meist schon zur Isothermie abgeschwächt oder ganz verschwunden.

Was die mittleren Temperaturen in den verschiedenen Höhenniveaus betrifft, so ist zwar das gewonnene Beobachtungsmaterial noch nicht so reichhaltig, daß einwandfreie Durchschnittswerte daraus abgeleitet werden können, aber die geringe Veränderlichkeit der Temperaturverhältnisse in diesen Gegenden erlaubt es, aus wenigen Fällen verläßliche Mittel zu bilden. Aus den bis März 1912 erhaltenen Beobachtungszahlen folgten umstehende Temperaturen. Für die Höhe 10 m ist die mittlere Tagestemperatur von Batavia eingesetzt.

Mittlere Temperaturen in verschiedenen Höhen.

Höhe in Meter	Temperatur	Gradient pro 100 m	Höhe in Meter	Temperatur	Gradient pro 100 m
10	26,2°	0,58°	8 000	— 19,6°	0,72°
500	23,3	0,64	9 000	— 26,8	0,91
1 000	20,1	0,58	10 000	— 35,8	0,89
2 000	14,3	0,54	11 000	— 44,8	0,86
3 000	9,9	0,53	12 000	— 53,4	0,95
4 000	3,6	0,54	13 000	— 62,9	0,87
5 000	— 1,8	0,56	14 000	— 71,6	0,57
6 000	— 7,4	0,58	15 000	— 77,3	0,11
7 000	— 13,2	0 64	16 000	— 78,4	

Die Hauptzüge der vertikalen Temperaturverteilung treten aus obigen Zahlen deutlich hervor. Man sieht, wie der Gradient bei zunehmender Höhe anfänglich abnimmt, was von den Kondensationsvorgängen herrührt, und daß er folglich in jener Schicht, wo diese Vorgänge ihren Einfluß am kräftigsten ausüben, d. h. in 3—4000 m Höhe, ein Minimum erreicht. In noch größerer Höhe steigert sich die Temperaturabnahme und erreicht mit dem Wert $0°,91$ ein sekundäres Maximum bei 9—10 000 m. Noch weiter oben in einer Höhe von 10—11 000 m zeigt sich eine geringe Abnahme, und die Übereinstimmung dieser Höhe mit jener derjenigen Schicht, wo die in diesen Gegenden so häufigen Cirren schweben, macht es nicht unwahrscheinlich, daß die sekundäre Erwärmung jener Schichten von diesem Gewölk herrührt. Man könnte sich denken, daß sich die dünne Wolkenschicht wie das Fenster eines Treibhauses verhält. In Übereinstimmung damit nimmt oberhalb dieser Decke die Temperatur sehr rasch ab — fast wie adiabatisch sich ausdehnende trockene Luft —, aber noch weiter oben sinkt der Gradient und in ungefähr 16—17 000 m Höhe tritt die Isothermie der Stratosphäre auf.

Die Temperatur scheint eine jahreszeitliche Schwankung zu erleiden, denn in beiden Beobachtungsjahren erwies sich die Atmosphäre während der Regenzeit als etwas wärmer als in der Trockenzeit. Diese Temperaturdifferenz belief sich für das Jahr 1911/12 auf:

Höhe m	Δt	Höhe m	Δt	Höhe m	Δt	Höhe m	Δt
500	1,1°	4000	0,2°	8 000	2,4°	12 000	3,4°
1000	1,3	5000	1,1	9 000	1,4	13 000	2,0
2000	1,0	6000	2,0	10 000	3,1	14 000	2,2
3000	0,2	7000	1,5	11 000	3,4	15 000	— 0,2

Bezüglich der Temperaturabnahme ersieht man aus umstehender Zusammenstellung der Gradienten für beide Jahreszeiten, daß sie zwar in der Regenzeit für die untersten Schichten größer sind, aber das Minimum in einer 1000 m größeren Höhe erreicht wird. Man soll jedoch nicht aus dem Auge verlieren, daß auch während der Regenzeit die Ballone öfter bei heiterem Himmel aufgelassen wurden.

Temperatur. 41

Temperaturgradienten.

Höhe in Kilometer	Trockenzeit April/Sept.	Regenzeit Okt./März	Höhe in Kilometer	Trockenzeit April/Sept.	Regenzeit Okt./März
0,5—1	0,62°	0,66°	8— 9	0,72°	0,68°
1—2	0,56	0,60	9—10	0,92	0,85
2—3	0,51	0,57	10—11	0,95	0,83
3—4	0,58	0,48	11—12	0,85	0,87
4—5	0,56	0,52	12—13	0,88	1,02
5—6	0,59	0,53	13—14	0,91	0,73
6—7	0,58	0,57	14—15	0,48	0,66
7—8	0,75	0,63	15—16	0,13	0,19

In größeren Höhen übersteigen die Gradienten der Trockenzeit jene der Regenzeit. Auch das sekundäre Minimum bei ca. 11 000 m zeigte sich in beiden Jahreszeiten, nur lag es im südlichen Winter (Trockenzeit) 1000 m höher. Im Gegensatz hierzu scheint die Stratosphäre im südlichen Winter in niedriger Höhe anzufangen. Jedoch ist das Beobachtungsmaterial noch zu dürftig, um dies einwandfrei festzustellen, da nur der kleinere Teil der Ballone die untere Grenze der Stratosphäre überschritten und außerdem infolge Stillstehens der Uhren bei manchen dieser Fälle die Höhenbestimmung unmöglich wurde.

Die Fälle (resp. 7 u. 6), bei denen eine Bestimmung möglich war, geben folgende Mittelzahlen für die Höhe und alle Fälle (resp. 11 und 12) folgende mittlere Temperaturen:

	April—September	Oktober—März
Höhe	15 900 m	16 700 m
Temperaturen (alle Fälle)	—78° 4	—81°

Differenz der Extremtemperaturen in jedem Niveau.

Höhe in Kilometer	Trockenzeit	Regenzeit	Zahl der Fälle	
			Trockenzeit	Regenzeit
0,5	2,5°	7,1°	14	16
1	2,7	7,0	14	16
2	4,0	5,5	14	16
3	4,7	8,1	14	16
4	5,9	6,5	14	16
5	4,7	8,1	13	15
6	6,4	10,0	12	15
7	7,0	10,2	11	13
8	6,3	10,8	11	13
9	9,3	12,5	11	13
10	9,7	11,9	9	12
11	4,9	13,2	8	12
12	5,1	14,8	8	9
13	5,3	16,9	7	8
14	6,6	17,6	6	8
15	7,2	16,7	6	8
16	—	6,7	—	4

Die Temperatur sank bei einigen Aufstiegen zu erstaunlich tiefen Werten herab; der niedrigste, am 12. April 1912 mit — 87° C registriert, dürfte wohl die bis jetzt tiefste der gemessenen atmosphärischen Temperaturen oder wenigstens eine der tiefsten sein.

Sehr wichtig ist auch die Kenntnis der äußersten Werte, zwischen denen sich die Temperatur in jedem Höhenniveau bewegt, und wenn es auch dafür nötig ist, über ein viel größeres Beobachtungsmaterial als das vorliegende zu verfügen, so gibt bereits die Zahlenreihe auf voriger Seite ein klares Bild der Verhältnisse wieder. welche morgens bei ruhigem Wetter herrschen. Die interdiurne Veränderlichkeit steigert sich also mit zunehmender Höhe, doch zeigen für die größeren Höhen

Mittelwerte.

Höhe in Hekto- metern	Batavia				Java- und Chinesische- See	
	West Monsun		Ost Monsun			
	Temperatur	Temperatur- abnahme pro 100 m	Temperatur	Temperatur- abnahme pro 100 m	Temperatur	Temperatur- abnahme pro 100 m
0	27,8°	0,86°	30,0°	1,17°	27,7°	1,20°
1	27,0	0,82	29,0	1,15	26,5	0,99
2	26,1	0,85	27,7	1,14	25,6	0,90
3	25,3	0,91	26,7	0,96	24,7	0,77
4	24,4	0,90	25,7	0,91	23,9	0,75
5	23,5	0,85	24,7	0,92	23,1	0,65
6	22,6	0,68	23,8	0,84	22,4	0,63
7	22,0	0,61	23,1	0,84	21,8	0,59
8	21,4	0,62	22,3	0,86	21,2	0,58
9	20,6	0,64	21,5	0,72	20,7	0,48
10	19,8	0,43	20,6	0,57	20,3	0,65
11	19,4	0,55	20,0	0,63	19,7	0,55
12	18,8	0,50	19,4	0,56	19,1	0,50
13	18,3	0,54	18,8	0,60	18,5	0,37
14	17,5	0,69	18,1	0,53	18,2	0,38
15	16,6	0,70	17,6	0,63	18,0	0,52
16	16,6	0,80	17,0	0,40	17,6	0,48
17	15,6	0,75	16,7	0,54	17,3	0,48
18	14,8	0,20	16,2	0,64	16,8	0,45
19	14,7	0,55	15,4	0,69	16,4	0,60
20	14,2	0,80	14,7	0,68	15,8	0,43
21	13,4	0,40	13,9	0,74	15,3	0,30
22	13,8	—	13,2	0,65	15,0	0,55
23	—	—	12,3	0,90	14,5	0,55
24	—	—	11,4	0,70	13,9	0,60
25	—	—	10,7	—	13,3	0,45
26	—	—	—	—	12,9	0,58
27	—	—	—	—	12,3	0,63
28	—	—	—	—	11,8	0,45
29	—	—	—	—	11,6	0,40
30	—	—	—	—	11,2	—

die zwei Jahreszeiten einen starken Gegensatz. In der Trockenzeit geht nämlich oberhalb von 10 000 m Höhe die Veränderlichkeit wieder zurück, dagegen wächst sie in der Regenzeit bis zu 14 000 m Höhe an.

Dieser Gegensatz rührt wohl außer von dem stärkeren Durcheinanderwirbeln der Atmosphäre während der Regenzeit daher, daß die Erdstrahlung, welche bekanntlich in wachsender Höhe immer mehr für die Temperatur der Schichten ausschlaggebend ist, in der Regenzeit mit ihren sich hoch auftürmenden Wolken veränderlicher ist als in der Trockenzeit.

Der andere Teil der Temperaturforschung, d. i. derjenige, welcher mit Hilfe von Drachen, Fessel- und Freiballonen erledigt wird, wurde von Dr. Braak geleitet. Er fand[1]) für die mittleren Temperaturen und Gradienten bis 2000 m Höhe nebenstehende Zahlen (Seite 42).

Wie zu erwarten war, folgt aus diesen Werten, daß während der heiteren Trockenzeit am Tage die Temperatur höher ist, und daß der für die untersten Schichten aus den Registrierballonaufstiegen abgeleitete Temperaturüberschuß der Regenzeit, wie bereits im vorigen Paragraphen erwähnt, nur für den Morgen gilt.

Über dem Meere war während der Regenzeit die Temperatur unten bis zu 800 m niedriger, oben etwas höher als über dem Lande. Ob dies in der Trockenzeit vielleicht noch ausgeprägter zum Vorschein kommt, wird bald aus den neuerdings erworbenen Beobachtungen hervorgehen.

Merkwürdig sind die Ergebnisse für den täglichen Stand der Temperatur in verschiedenen Höhen, woraus folgt, daß in 1000 m Höhe nur wenig mehr von der verhältnismäßig großen Schwankung an der Erdoberfläche übrig ist; man sehe sich nur untenstehende Zahlen an.

Temperaturen über Batavia.

Höhe in m	9 h a.	10 h	11 h	12 h	1 h p.	2 h	3 h	4 h	5 h	6 h	7 h	8 h	10 h
0	26,3°	27,6°	28,5°	29,1°	29,2°	29,2°	28,9°	28,5°	27,9°	27,1°	26,4°	25,8°	25,0°
500	22,4	23,4	23,5	24,1	23,5	23,6	24,2	23,6	22,6	23,7	22,4	24,1	23,9
1000	18,8	20,7	19,7	20,4	19,5	19,8	18,5	19,5	19,1	21,1	19,9	20,8	20,6
1500	—	18,1	16,3	17,9	16,7	17,2	—	16,0	15,8	18,1	16,6	—	—
2000	—	15,2	—	15,4	13,0	14,3	—	—	—	15,1	13,2	—	—
2500	—	—	—	11,5	—	—	—	—	—	12,4	—	—	—

In 500 m Höhe ist die anfängliche Zunahme der Temperatur bis zum Mittag hin noch ganz deutlich, ist aber schon von 2.°8 unten bis auf 1.°7 oben abgeschwächt; später am Tage ist eine regelmäßige Schwankung nicht mehr vorhanden. In 1000 m Höhe kommt die Temperaturzunahme am Morgen schon um 10 Uhr zum Stillstand, also zu der Zeit, wo in dieser Höhenschicht die Kumuli entstehen. Nachmittags macht sich eine deutliche Temperaturabnahme bemerkbar, welche aber nach Sonnenuntergang wahrscheinlich infolge Herabsinkens der Luft ins Gegenteil übergeht.

---

[1]) a. a. O., S. 21.

Wolkenbildung.

Die beständig hohe Temperatur, welche im Archipel herrscht, ermöglicht einen hohen Feuchtigkeitsgehalt der Atmosphäre; und da die Quelle des atmosphärischen Wasserdampfes, das Meer, sich überall in großen Flächen zwischen den Inseln ausdehnt, ist es begreiflich, daß die Luft reich mit Wasserdampf gesättigt ist.

Dr. Braak[1]) fand für die relative Feuchtigkeit und den Wassergehalt der Luft bis 3000 m Höhe folgende Mittelwerte.

Höhe in Hekto-metern	Batavia				Java- und Chinesische-See	
	West Monsun		Ost Monsun		West Monsun	
	Relative Feuchtigkeit %	Wasser gr. pro m³	Relative Feuchtigkeit %	Wasser gr. pro m³	Relative Feuchtigkeit %	Wasser gr. pro m³
0	75	20,0	63	18,9	80	21,2
1	77	19,8	64	18,4	82	20,6
2	79	19,5	66	17,9	84	20,3
3	81	19,2	67	17,3	86	19,9
4	83	19,2	70	17,4	86	19,3
5	85	18,9	75	17,8	89	19,4
6	87	18,5	72	16,4	88	18,6
7	86	17,8	75	16,6	88	18,1
8	84	17,2	76	16,4	87	17,5
9	84	16,5	78	16,2	83	16,4
10	84	15,9	79	15,7	82	16,0
11	81	15,3	79	15,4	82	16,5
12	78	14,4	80	15,2	80	14,1
13	77	13,8	79	14,6	78	14,9
14	82	14,3	79	14,3	78	14,2
15	82	13,7	79	14,0	76	13,7
16	82	13,8	79	13,6	77	13,8
17	81	13,1	77	13,3	76	13,5
18	81	12,6	79	13,3	75	13,1
19	80	12,5	78	12,6	75	12,9
20	80	12,2	79	12,5	76	12,9
21	80	11,8	78	11,9	76	12,6
22	78	11,9	79	11,6	75	12,3
23	—	—	86	12,2	74	11,9
24	—	—	86	11,6	74	11,7
25	—	—	84	11,0	74	11,4
26	—	—	—	—	73	11,1
27	—	—	—	—	73	10,8
28	—	—	—	—	73	10,5
29	—	—	—	—	75	10,8
30	—	—	—	—	75	10,8

---

[1]) a. a. O. S. 21.

Umstehende Zahlen geben eine Übersicht für diesen Feuchtigkeitsgrad und lassen erkennen, daß zwar bei wachsender Höhe die relative Feuchtigkeit anfänglich größer wird, daß aber der Wassergehalt dauernd abnimmt.

Aus den Ergebnissen der Registrierballonaufstiege berechnete ich folgende vorläufige Werte, die zwar noch nicht sehr zuverlässige Mittelwerte bilden, aber nichtsdestoweniger das Andauern der raschen Abnahme bei wachsender Höhe recht deutlich hervorheben.

Wassergehalt der Atmosphäre gr. pro m^3.

Höhe in km	West Monsun	Ost Monsun
2	8,3	8,3
3	6,5	6,2
4	5,0	4,0
5	3,7	2,9
6	2,7	1,5
7	1,9	0,9
8	1,3	0,4
9	0,7	0,2

Beide Zahlenreihen zeigen auch das Übermaß in der Regenzeit, das für die unteren Schichten über dem Meere noch größer gefunden wird.

Die relative Feuchtigkeit erreicht in der Regenzeit schon in 500 m Höhe ihr Maximum, in der Trockenzeit jedoch erst in einer Höhe von über 2500 m.

Der große Feuchtigkeitsgehalt der Luft ermöglicht eine starke Wolkenbildung, sobald die Luft in aufsteigende Bewegung gerät, und da die Sonne bereits um 9 Uhr morgens die Höhe von ca. 45° überschreitet und nachher Höhen von 60° bis 90° erreicht und folglich auch den Erdboden rasch zu erwärmen vermag, beginnt bald ein kräftiges Aufsteigen der Luft.

In der Trockenzeit kann man diese regelmäßige Entstehung von Wolken und ihre Wiederauflösung am Nachmittage fast täglich beobachten. Dr. Braak schreibt darüber[1]:

„Wie ich auf der Ballonfahrt vom 25. Juni 1910, als der Ballon sich in einer Höhe von 2700—2900 m befand, sehr schön beobachten konnte, bildet sich erst über der ganzen Landstrecke eine Schicht von kleinen Kumuli. Nach einiger Zeit steigen an vereinzelten Stellen aus dieser Decke größere Wolken empor bis zu 2—3000 m Höhe. Sobald diese Maximalhöhe erreicht ist (es war damals ein relativ trockener Tag) fallen die Wolken mit einer Geschwindigkeit von 1—2 m p. s. zusammen und verschwinden rasch. Das Spiel wiederholt sich dann wieder in der Nähe. Bei dieser Bewegung ist zwar die abkühlende Wirkung im Aufstieg gleich dem erwärmenden Einfluß des Abstieges, die zusammenbrechende Luftsäule saugt aber fremde, relativ trockene Luft ohne Kondensationsprodukte aus der Höhe mit nach unten, welche sich adiabatisch (1° pro 100 m) erwärmt, sich mit der Luftmasse, die erst die Wolke bildete, mischt und nach Verschwinden derselben eine relativ warme Schicht über der Kumulusbasis zurückläßt."

---

[1] a. a. O., S. 27.

„Auch wurden mehrere Male plötzliche Temperatur- und Feuchtigkeitsänderungen entgegengesetzter Art beobachtet, die bei gleichbleibender Höhe des Instruments schnell vorüberzogen. Oft folgten mehrere dieser Störungen wellenförmig aufeinander. Sie sind wohl aufsteigenden Luftströmungen zuzuschreiben. Bei der regelmäßigen Aufeinanderfolge dieser Strömungen am 2. März war der Abstand der 8 Wellen untereinander 1200 m, was auch bei den kleinen Kumuli vorkommt. In diesem Falle waren keine Wolken sichtbar; es gibt aber auch Fälle, wo während der Störung der Drachen in eine Kumuluswolke gehüllt war."

„Eigentümlich ist die Tatsache, daß bei diesen Störungen in weitaus den meisten Fällen, also auch in den in Bildung begriffenen Kumuluswolken, die Temperatur niedriger ist als in der umgebenden Luft, nicht nur in den Isothermien, welche oft von solchen Strömungen durchbrochen werden, sondern auch, wenn zuvor der Zustand normal war."

„Da dieser niedrigeren Temperatur zufolge die aufsteigende Luft relativ schwer ist, kann man annehmen — um die steigende Bewegung zu erklären —, daß sie von den tiefer liegenden Teilen emporgehoben wird, wie es tatsächlich über den emporsteigenden Kumuluswolken an den Stellen, wo noch keine Kondensation eingetreten ist, der Fall sein muß. Größtenteils aber und bisweilen gänzlich wird die größere Dichtigkeit bei Temperaturerniedrigung kompensiert durch die Wirkung der starken Feuchtigkeitszunahme."

„Unten sind zwei der tatsächlich beobachteten Anomalien wiedergegeben.

27. Januar 1910. 9^h 24 a. m. Drachen in Cu-Basis, 736 m.

9^h 26 a. m. Drachen aus Cu-Basis.

„Temperaturzunahme 9 h 27 von $20,5^0$ bis $21,0^0$ bei konstanter Höhe, 750 m, mit geringer Feuchtigkeitsabnahme."

Gleiches um 9 h 35, Höhe 750 m, Temperatursteigerung von $20,6^0$—$21,2^0$, Feuchtigkeit nimmt ab von 96%—78%, indem das Instrument nur 30 m sinkt. Auch treten zwei kurze Temperaturschwankungen (Periode 1 Minute) auf mit entsprechenden Feuchtigkeitsänderungen. Die doppelte Amplitude ist $1,2^0$ und 15%. Um 10 h 40 wiederholt sich diese Erscheinung, Amplitude $1,0^0$ und 10%, Höhe 1000 m. Während dieser Störungen ist die Temperatur niedriger, die relative Feuchtigkeit höher als im ungestörten Zustand vor- und nachher."

„31. Januar 1910. Cu-Basis 10 h 30 a. m. 693 m."

„Isothermie 10 h 39—11 h 10 zwischen 1030 und 1120 m, Temperatur $19,0^0$, relative Feuchtigkeit 10h 43: 60% (ist schnell gesunken von 100% ab, 10h 35, 700 m)."

„Zweimal, das erste Mal während der Isothermie, das zweite Mal beim Verschwinden derselben, wird sie durchbrochen von kalten und feuchten aufsteigenden Strömungen. Um 10 h 50, Höhe 1100 m nimmt, indem die Höhe nur um 70 m steigt, die Temperatur plötzlich ab von $18,8^0$—$16,4^0$, die relative Feuchtigkeit zu von 61% bis 84%. Diese Störung dauert bis 10 h 54. Dann nimmt bis 11 h 10 die Temperatur langsam ab, die relative Feuchtigkeit zu bis 88%, was auf Verschwinden der Isothermie hinweist; um 11h 10 dringt wieder kalte, feuchte Luft auf, nachher ist die Isothermie nicht mehr da."

Für die Basishöhe der Kumuli wurde bei den Drachen- und Fesselballonaufstiegen im Mittel 950 m gefunden, über dem Meere jedoch während der Regenzeit nur 600 m.

Am Nachmittage wachsen aus den Tageskumuli große Cu-Ni empor, welche riesige Höhen erreichen, stark elektrisch sind und sich schließlich in Wolkenbrüchen entlasten.

Die Bedingungen, unter welchen im Archipel diese Entwickelung stattfindet, sind wenig oder gar nicht untersucht worden.

Auf S. 31 l. c. äußert sich Dr. Braak folgendermaßen:

„Allmählich bildeten sich überall über dem Lande die kleinen Kumuli; anfänglich am meisten in der Nähe der Küste. Diese Wolkenform hat eine ziemlich große Stabilität; etwas ganz Anderes ist mit den größeren Wolken der Fall, welche sich nach 11 Uhr hier und dort aus den kleinen zu bilden anfingen. Sie stiegen mit großer Geschwindigkeit bis 2000 oder 3000 m auf, verloren dann schnell ihre abgerundeten Formen und lösten sich auf; innerhalb weniger Minuten waren diese große Wolkengebilde verschwunden, indem an anderen Stellen die Erscheinung sich wiederholte. Bei der Auflösung konnte deutlich beobachtet werden, daß der ganze Kumulus mit einer Geschwindigkeit von 1—2 m pro Sekunde nach unten fiel. Indem die Kondensationswärme in der sich bildenden Wolke die Bewegung beschleunigt, findet, nachdem die Steigung aus Mangel an Wasserdampf aufgehört hat, sobald die Auflösung auftritt, die entgegengesetzte Wirkung statt, und es fängt ein beschleunigtes Sinken an. Wenn die Feuchtigkeit groß ist, so ist natürlich die Möglichkeit da, daß die Wolke sich weiter ausbildet, viel höher aufsteigt und sich zu einem Kumulo-Nimbus entwickelt.'

Von 12 Uhr ab stiegen fortwährend in der Nähe des Ballons die großen Kumuluswolken in die Höhe, ohne jedoch den Ballon einzuhüllen. Nachdem um 12 h 18 ein geringes Fallen stattgefunden hatte, ging dieses wieder in ein Steigen über, als sich gerade unter dem Ballon ein Kumulus bildete."

„Für ein solches Steigen sind mehrere Ursachen anzugeben. Durch die verstärkte Strahlung wird das Ballongas sich ausdehnen, und auch die steigende Luftbewegung wird den Ballon etwas mit in die Höhe nehmen; der Ballon wird aber auch von einem relativ schweren Medium umgeben werden, weil die über der Wolke emporgehobene Luft sich ohne Kondensation adiabatisch um 1° pro 100 m abkühlt; in diesem zweiten Anstieg wird dementsprechend die Temperatur niedriger gefunden als im unmittelbar vorangegangenen Abstieg. Daß der Ballon die Wolken meidet, muß wohl der Wirkung dieser kalten Lufthülle (welche oft an den A-Cu-Kappen sichtbar ist) zugeschrieben werden."

In diesem Jahre (1912) wurde eine Reihe von photographischen Doppelaufnahmen gemacht, welche die trigonometrische Höhenbestimmung ermöglichten. Meist fanden zwei Aufnahmen in einer Zwischenzeit von einigen Minuten statt, um die vertikalen und horizontalen Bewegungen zu ermitteln. Merkwürdig war es, zu beobachten, wie öfter aus diesen Wolken in Höhen von 10 000 m und mehr neue Köpfe mit Geschwindigkeiten von etwa 10 m/sec. herauswuchsen, und diese fast jedesmal mit Cirrusschirmen bedeckt wurden. Bald wurde dann ein solcher Kopf vom Oberwinde ergriffen, von der Hauptwolke getrennt und weithin fortgetrieben. Hatte ein solcher Kopf dadurch seine Lagerung oberhalb des CuNi-

Körpers mit seinen aufsteigenden Luftströmungen verloren, so verdampfte er sehr bald in der trockenen hohen Luft, dabei allmählich den Cirrushabitus annehmend.

An einem Nachmittage im Monat Juni sah ich dreimal hintereinander einen derartigen Kopf aus einem Wolkenkolosse hervorwachsen und sich loslösen. Öfter wächst der ganze obere Teil der Wolke aus und breitet sich oben nach allen Seiten auseinander; dabei nimmt er die Erdschwammgestalt an, welche auch gelegentlich in Europa beobachtet wird, die ich aber hier recht häufig sah.

In einigen Fällen, wo der Rand eines solchen Gebildes senkrecht über mir stand, konnte ich die ziemlich genau kreisrunde Form desselben beobachten, woraus hervorgeht, daß hier nicht der Oberwind sein Spiel treibt, sondern ein wahres Ausfließen der Luft vom Wolkenzentrum aus stattfindet. Die Köpfe der Kumulonimbi erreichten im Archipel erstaunliche Höhen, die in den meisten von mir gemessenen Fällen 10 000 m übertrafen, ja sogar bis zu 15—16 000 m reichten.

Fig. 13. Seitlich ausfließender Cu-Ni-Kopf. (Höhe des Punktes a = 14 400 m, b = 15 230 m, c = 6710 m).

Während der Trockenzeit löst sich über Nacht das ganze Gebilde wieder auf, wenigstens über dem Lande; denn wiederholt sah ich am frühen Morgen im Norden über dem Meere hohe Kumulonimbi, während sich im Süden die Berge klar und wolkenlos zeigten. Die Sonne löste dann aber bald die übernächtigten Gesellen auf. Der Umstand, daß sie auch die Nacht über bestehen bleiben, dürfte vielleicht seine Erklärung finden in dem nahezu immerwährenden Fehlen von einer täglichen Temperaturwelle über dem Meere, wohingegen abends über dem Lande die Luft herabsinkt, sich erwärmt und trocken wird, was die Verdampfung der Wolken zur Folge hat. Dieses Trockenwerden der Luft spricht sich besonders deutlich in den Temperatur- und Feuchtigkeitsdiagrammen vom Pangerango-Gipfel wie auch in denen von Tosari aus

In der Regenzeit verläuft die Wolkenbildung öfter in ganz anderer Weise und trägt mehr den Charakter jener Vorgänge, welche mit dem Vorübergehen einer Depression verbunden sind.

Charakteristisch sind die nächtlichen Gewitter, welche sogar das Hauptmaximum des Niederschlages für diese Jahreszeit auf die ersten Stunden nach Mitternacht verlegen. Später in der Nacht verringern sich die Böen, und am folgenden Morgen bleibt meist eine Stratusbewölkung übrig.

Sehr zahlreich treten auch in diesen Monaten die A-Cu auf, welche wiederholt an der oberen Grenze des Westmonsuns zwischen dieser Luftströmung und dem darüber wehenden Ostwinde beobachtet wurden. Sie bilden sich und lösen sich rasch auf, wie bei solch dünnem Gewölk begreiflich ist, und mancher Pilotballonaufstieg fand dadurch ein unerwartet frühzeitiges Ende, doch war zuweilen auch eine unverhofft lange Visierung möglich. Aus den im Jahre 1896/97 angestellten Messungen wurde ihre mittlere Höhe bei 5400 m gefunden. Diese Zahl stimmt recht gut überein mit dem Mittel von 20 Fällen, bei denen wir einen Pilotballon in diese Wolken eintauchen sahen, nämlich bei 5000 m.

Die isotherme Fläche von $0°$ Celsius liegt nur wenig niedriger, und es bleibt also fraglich, ob gewisse A-Cu Schnee- oder Wasserwolken sind, vielleicht werden in der Zukunft Luftfahrer Näheres darüber beobachten können.

Für die mittleren Höhen der drei Cirrusgattungen wurde aus obengenannten Messungen gefunden: Ci-Cu 6300 m; Ci-St 10 600 m; Ci 11 500 m.

Die zwei letzten Wolkenarten sind im Archipel sehr häufig, und es scheint, als ob sie während der Regenzeit in größeren Höhen schweben als während der anderen Jahreszeit; denn wenn ich die Messungen nach Jahreszeiten scheide und die zweifelhaften Fälle mit Höhen unter 8 000 m und über 15 000 m ausscheide, finde ich:

Oktober—April . . . . 12 000 m
Mai—September . . . . 10 800 m.

Wohl nicht ohne inneren Zusammenhang ist es, daß in jenen Regionen die isothermen Flächen genau die gleiche vertikale Schwankung mitzumachen scheinen; denn ich berechnete aus den Temperaturbeobachtungen, die mittels der Registrierballone vorgenommen waren, daß die Temperatur für die Monate Oktober—April in 12 000 m Höhe — $44{,}2°$ C betrug und für die andere Jahreszeit in 10 800 m Höhe denselben Wert hatte.

Auch die Höhe des Antipassats scheint sich an dieser vertikalen Schwankung zu beteiligen; fand ich doch die Schicht, wo er seine maximale Entwickelung erreicht, in der Regenzeit bei 15 000 m und in der Trockenzeit bei nur 13 000 m Höhe. Und daß die untere Grenze der Stratosphäre vermutlich mit auf- und abschwankt, wurde bereits im vorigen Paragraphen erwähnt.

Noch manche charakteristische Eigenschaft der tropischen Atmosphäre, die in dem Archipel zur Geltung kommt, wäre zu erwähnen, Eigenschaften, welche Erscheinungen bedingen, die wichtig für das Klima und auch für die Luftfahrt sind.

So wären zu nennen die starken Gegensätze, welche bezüglich der Kondensation des atmosphärischen Wasserdampfes zu Wolken und Regen die Luv- und Leeseiten der Gebirge und Vulkankegel bieten, ferner die Bildung von Bodennebeln auf den Hochebenen, die Gewitterfrequenz, die Gegensätze in Regenintensität und in Regendauer, welche Gebirge und Ebene zeigen, und last not least das elektrische Verhalten der Atmosphäre.

Es würde dies aber zu weit führen und diese Schrift unnötig belasten mit vielem, was schon oft und ausführlich beschrieben worden ist, wie es z. B. mit den Regenverhältnissen der Fall ist.

Auch haben für andere Phänomene, wie den Bodennebel, systematische Beobachtungen erst vor kurzem angefangen, oder sie warten noch auf eine eingehendere Erforschung, wie das elektrische Verhalten der Atmosphäre. Da nun eine erschöpfende Darstellung der verschiedenen Eigenschaften und Phänomene des sich über dem malayischen Archipel ausdehnenden Luftmeeres nicht mein Zweck war, dürfte die hier gegebene, bei welcher das Hauptgewicht auf die neuen aerologischen Forschungen gelegt ist, dem Leser genügen.

Verlag von Julius Springer in Berlin.

Luftfahrt und Wissenschaft.

In freier Folge herausgegeben

von

Joseph Sticker.

Schriftleitung und Verwaltung der Stiftungen:

Professor **A. Berson,**   Dipl.-Ing. **C. Eberhardt,**
Gerichtsassessor **J. Sticker,**   Professor Dr. **R. Süring,**
Wirkl. Geh. Oberbaurat Dr. **H. Zimmermann.**

Früher erschienen:

1. Heft: **Luftfahrtrecht.** Von Dr. jur. **Josef Kohler**, Geh. Justizrat, ordentlicher Professor der Rechte an der Universität Berlin. VI und 45 Seiten. Preis M. 1,20. (Stiftung des Kaiserlichen Aero-Clubs, Berlin.)

2. Heft: **Experimentelle Untersuchungen aus dem Grenzgebiet zwischen drahtloser Telegraphie und Luftelektrizität.** Von Dr. **M. Dieckmann**, Privatdozent für reine und angewandte Physik an der Kgl. Technischen Hochschule München. 1. Teil: **Die Empfangsstörung.** VIII und 73 Seiten. Mit 56 Abbildungen. Preis M. 3,—. (Stiftung des Berliner Vereins für Luftschiffahrt, Berlin.)

3. Heft: **Zur Physiologie und Hygiene der Luftfahrt.** Von Dr. med. **N. Zuntz**, Geh. Regierungsrat, Professor der Physiologie an der Landwirtschaftlichen Hochschule Berlin. V und 67 Seiten. Mit 11 Textfiguren. Preis M. 2,—. (Stiftung des Magdeburger Vereins für Luftschiffahrt, Magdeburg.)

4. Heft: **Stoffdehnung und Formänderung der Hülle von Prall-Luftschiffen.** Untersuchungen im Luftschiffbau der Siemens-Schuckert-Werke. Von Dr.-Ing. **Rudolf Haas** und Dipl. Schiffbauingenieur **Alexander Dietzius**, Privatdozent für Luftschiffbau an der Königl. Technischen Hochschule zu Berlin. IX und 134 Seiten. Mit 138 Textfiguren. Preis M. 6,—.

Demnächst erscheinen:

Versuche an Doppeldeckern zur Bestimmung ihrer Eigengeschwindigkeit und Flugwinkel. Von Dipl.-Ing. **C. Th. Wilhelm Hoff**, Assistent an der Deutschen Versuchsanstalt für Luftfahrt, Adlershof bei Berlin.

Tabellen zur astronomischen Ortsbestimmung. Von Dr. **A. Kohlschütter**, Astronom am Mt. Wilson Solar Observatory, Pasadena, Cal.

Die Querschnittsformen der Vogelflügel und ihre Verwertung für Luftschrauben. Von Dipl.-Ing. **C. Eberhardt**, Ingenieur beim Luftschiffer-Bataillon, Berlin.

Experimentelle Untersuchungen aus dem Grenzgebiet zwischen drahtloser Telegraphie und Luftelektrizität. Von Dr. **M. Dieckmann**, Privatdozent für reine und angewandte Physik an der Kgl. Techn. Hochschule München. 2. Teil: **Die Reichweitenänderung.**

Die Untersuchung der Flugzeug- und Luftschiff-Maschinen. Von Professor **A. Wagener**, Leiter des Maschinen-technischen Laboratoriums der Kgl. Techn. Hochschule Danzig.

Zu beziehen durch jede Buchhandlung.

If you have any concerns about our products,
you can contact us on
ProductSafety@springernature.com

In case Publisher is established outside the EU,
the EU authorized representative is:
**Springer Nature Customer Service Center GmbH
Europaplatz 3, 69115 Heidelberg, Germany**

Printed by Libri Plureos GmbH
in Hamburg, Germany